成品

中文版 DaVinci Resolve 14

达芬奇影视调色 从入门到精通

李烨 吴桢 王志新 编著

U0265671

清华大学出版社

北京

内 容 简 介

本书采用技术理论和具体案例相结合的方式，详细讲解了中文版 DaVinci Resolve 14 的剪辑功能、调色技巧和常用插件，以及代表行业案例的制作流程和技术应用。讲解的调色理论简洁实用，选用的案例贴近实战。

本书共 12 章，系统讲解达芬奇调色的系统平台、调色理论、套底流程、视音频编辑、一级调色、二级调色、节点操作、LUT 调色、跟踪稳定、键控制、典型插件以及项目管理等内容，并以案例的形式将调色技巧、经验和风格进行演示和总结。案例涉及人像调色、宣传片调色和广告片调色等内容，特别适合初学者加快向专业调色师转化的进程，也为各行业越来越多地使用达芬奇调色提供了引导和参考。对当前主流的 RAW 文件调色技巧和工作流程进行了重点讲解，为读者面对新设备、新素材的升级工作提供了很好的参考经验。

本书是面向初、中级读者的达芬奇影视调色工具书，既可以作为高等院校相关专业的教材，又可以作为影视后期制作培训机构的培训教材，还可以作为剪辑师、调色师、影视导演和摄影师等相关从业人员的参考书籍。

图书在版编目 (CIP) 数据

成品：中文版 DaVinci Resolve 14 达芬奇影视调色从入门到精通 / 李烨，吴桢，王志新　编著 . —北京：清华大学出版社，2019（2024.2重印）

ISBN 978-7-302-51520-3

Ⅰ . ①成… 　Ⅱ . ①李… ②吴… ③王… 　Ⅲ . ①调色—图像处理软件 　Ⅳ . ① TP391.413

中国版本图书馆 CIP 数据核字 (2018) 第 254747 号

责任编辑：李　磊　焦昭君
封面设计：王　晨
版式设计：思创景点
责任校对：牛艳敏
责任印制：刘海龙

出版发行：清华大学出版社
　　　　　网　　址：https://www.tup.com.cn, https://www.wqxuetang.com
　　　　　地　　址：北京清华大学学研大厦A座　　　　　邮　　编：100084
　　　　　社 总 机：010-83470000　　　　　　　　　　邮　　购：010-62786544
　　　　　投稿与读者服务：010-62776969，c-service@tup.tsinghua.edu.cn
　　　　　质 量 反 馈：010-62772015，zhiliang@tup.tsinghua.edu.cn
印 装 者：三河市君旺印务有限公司
经　　销：全国新华书店
开　　本：185mm×260mm　　　印　　张：22　　　字　　数：636千字
版　　次：2019年3月第1版　　　印　　次：2024 年2月第4次印刷
定　　价：118.00元

产品编号：076408-01

前言

当前，影视艺术数字化的快速发展，给予了受众前所未有的视听享受和视觉冲击，同时也给影视工作者提供了极大的便利，拓展了创作空间，激发了创作热情，进而使影视业的繁荣达到了一个新的高度。随着数字技术的发展，调色已成为影视内容创作的标准流程之一，各种优秀高端的软件开始放下身段陆续走进普通创作者的家用计算机之中。

DaVinci Resolve14 是由 The Foundry 公司推出的新版本的影视后期编辑调色工具，已经成为颠覆传统的全新创意工具，集剪辑、调色、专业音频后期制作于一身的一站式流程，能够在剪辑、调色、音频和交付流程之间迅速切换。达芬奇作为一款专业级剪辑和调色系统，拥有完善的剪辑功能，包括多机位剪辑和音频编辑功能、自定义曲线用贝塞尔句柄控制、全新的透视跟踪器、全新的 3D 抠像工具、节点复合功能创建嵌套的节点图、自动匹配片段颜色等。达芬奇调色系统已经成为影视后期制作的行业标准之一，涉及的领域早就超出了电影的范畴，在许多电视剧、电视广告、音乐电视、纪录片和企业宣传片等作品中都可见到达芬奇的神奇功效。

本书是一本帮助读者快速入门并提高实战能力的学习用书，采用完全适合自学的"教程＋案例"的编写形式，所有案例均精心挑选和制作，将达芬奇调色理论中枯燥的知识点融入调色实例之中，并进行简要而深刻的说明，兼具技术手册和应用技巧参考手册的特点。

本书按照软件功能以及实际应用进行划分，内容编排循序渐进，首先讲解了达芬奇的各项功能与命令，包括调色基础知识、视音频编辑、一级调色、二级调色、节点操作、LUT 调色、跟踪与稳定、键控制、调色管理以及常用的插件，包括蓝宝石系列、Magic Bullet、BCC 以及其他降噪功能的插件等，并且每一章都用案例详细讲述了高级调色技巧，最后从提升调色实践技能的角度，深入到商业应用的层面，讲解了不同风格的人像影片、企业宣传片和广告片等的调色流程和技巧。

本书内容安排由浅入深，每一章的内容都丰富多彩，力争涵盖 DaVinci Resolve14 的全部知识点。本书由具有丰富经验的设计师编写，从视频剪辑和项目管理的一般流程入手，逐步引导读者学习调色的基础知识和高级调色的各种技能。希望本书能够帮助读者解决学习中的难题，提高技术水平，快速成为数字影视调色的高手。

本书由李烨、吴桢和王志新编著，在成书的过程中，王妍、师晶晶、华冰、赵建、王淑军、彭聪、朱虹、周炜、李占方、路倩、孙丽莉、赵昆、吴月、宋盘华、李英杰、梁磊、贾燕、杨柳、刘一凡、吴倩、朱鹏、张峰、苗鹏、刘鸿燕、陈瑞瑞、李爽、冯莉、胡爽等人参与了部分案例的编写工作。由于作者水平所限，书中难免有疏漏和不足之处，恳请广大读者批评指正。读者在学习的过程中，如果遇到问题可以随时联系我们。我们的服务邮箱是：wkservice@vip.163.com。

本书提供了素材文件、工程文件、效果文件、教学视频和 PPT 课件等立体化教学资源。读者在学习时可扫描下面的二维码，然后将内容推送到自己的邮箱中，即可下载获取相应的资源（注意：请将这几个二维码下的压缩文件全部下载完毕后，再进行解压，即可得到完整的文件内容）。

编者

目 录
CONTENTS

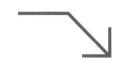

第 6 章　节点操作　　　　　　　　　　188

第 7 章　特效插件　　　　　　　　　　205

第 8 章　LUT 及影调风格　　　　　　　227

第 9 章　管理调色　　　　　　　　　　248

第 10 章　人像调色实例　　　　　　　　272

第 1 章

达芬奇调色概述

　　在一部影片的表达语言构成中，画面是最重要最基本的要素。画面的表达方式不一样，对影片内容会起到非常大的改变作用，只有画面的影调、构图、曝光、视角等细节都精细安排，才能统一形成完美的、适合主题的表现力。在人的视觉世界中，色彩是情感的象征，色彩的作用是强烈的，它不仅能够真实地再现自然，还具有将现实进行纯化和强化的功能，它能传达人的情绪与心理状态，是人的内心世界外化的表现。

1.1 影视调色的作用

随着数码摄像机及数字影视制作技术的普及和应用，影视后期调色也逐渐在各个影视行业论坛中成为热门话题。

为什么要对一部影片进行调色呢？因为调色可以从形式上更好地配合影片内容的表达。前期拍摄的原始素材尽量提供"标准"拍摄，主要控制画面的曝光、白平衡、构图、视角、运动等基本指标。而在色调方面只要提供准确的白平衡即可，比如模拟夜景、晚霞的效果只需适当改变色调色温，使其大致符合后期要求。

前期拍摄的素材进入影视后期机房，首先制作人员要领会导演或客户的意图，根据影片的风格来确定色调，对前期素材进行一级调色和二级调色，其目的是为这些素材增加风格化，唤起观众的观赏情绪，更好地表达主题和渲染情绪。

调色是一把双刃剑，过犹不及不可取，恰到好处才行。如果一部影片不进行调色或者调色不正确，会在视觉效果上大打折扣。本来可以影响观众情绪的画面，因为平淡无奇的色彩而达不到目的，或者调色过于夸张和随意，本应该平和的画面却显得突兀和做作，这也是不允许的。合格的调色，应该是完全与影片主题相吻合，不夸张，不炫技。

在影视后期调色的初始就是对色彩的属性给予深入的理解。下面介绍色相、饱和度和明度这几种色彩的基本属性。

色相：色相是一种色彩区别于其他色彩的属性，尽管自然界的色彩极其丰富，但我们观看影片的媒介却远远不能还原那么多色彩，前期摄像机可以记录很高的色彩色域范围，而电视机这类的媒介，仅仅能够接受 8bit 色彩。也就是说，前期色相很丰富，后期制作中只是提供了更多的可控范围，真正能够让观众欣赏的色域被压缩不少。

饱和度：简单理解就是色彩浓度的大小。饱和度太小，色彩暗淡，缺乏足够的色彩冲击力；饱和度过大，则显示出明显的色彩视觉刺激，让人更加醒目地感受到色彩的力量。但是，饱和度过高，会使暗部色彩产生明显的噪声，这种噪声干扰，是视频调色的底线，应该在处理饱和度的过程中，既要保持一定的饱和度，又要接近但不能出现噪声的那个阈值。

明度：是一种色彩的纯洁度、通透度。明度高，则色彩干净准确；明度低，则色彩混沌。调色未必要追求所有色彩的明度都是很高的。当主体需要高明度时，必然要用其他辅助物体的低明度做对比。光线在色彩明度中起着关键作用。光线较强，明度则高；光线较弱，明度则低。必须充分利用布光，改变明度的高低。

色彩除了本身的物理属性外，在视频制作中其主观作用也相当重要。所谓主观作用，就是一种色彩在画面中能对观众的视觉产生什么样的影响，从而影响观众的心理。一般来说，暖色调会使画面产生厚重、可靠、饱满、沉稳的感受，而冷色调则会产生安静、空荡、遥远、清灵的感受。因此我们在调色中就要根据影片的风格采用恰当的冷暖调，甚至通过冷暖调的反差和对比，进一步强化主观的视觉感受，让观众潜移默化地受到影片色调的影响，从而达到影片思想的有效传达，如图 1-1 所示。

比如，在一个非遗传承人的纪录片中，大面积保持了皮肤和木器的暖色，而在背景区域故意调整为偏冷的色调，这样反而突出了前景的暖色，更容易吸引观众。

图 1-1

然后让暖色调不断扩大，同时因为阳光的照射使整体的亮度也不断提高，画面的温暖感和吸引力就大大加强。冷暖色调的作用和鲜明的反差在强烈的对比中自然形成，而这种色彩上的主观感受，并不需要过多的画面解释就能水到渠成，这就是调色的作用，如图 1-2 所示。

图 1-2

1.2　影视调色的内容

　　既然影视后期调色如此重要，我们就要充分发挥调色工具的功能，不仅对拍摄完美的素材赋予升华的情感含义，更重要的是通过基础的调色工作来弥补前期拍摄的不足，通常有如下几种情况。

　　第一种情况：调整画面的对比度。在很多时候，由于拍摄环境的限制，光照的对比太强。比如，拍摄逆光中的人物，摄像机没有足够的亮度宽容度，这时候就需要摄像师做出选择，要么拍出亮度层次表现很好的天空，让前景中的人物成为剪影效果；或者让前景中的人物正确曝光，正确表现人物的亮度细节而让天空过曝。虽然可以尝试调节摄像机的曲线拐点，但是毕竟这种功能还是十分有限，摄像师只能采取这样的无奈之举。其实在数字影视时代，后期制作完全可以弥补摄像机的这种缺陷，通过让人物正确曝光，而让天空过曝，然后在后期对天空进行调色或者替换，或者对同一场景进行两次曝光拍摄，第一次拍人，第二次拍天空，然后在后期进行二次合成即可，如图 1-3 所示。

图 1-3

　　第二种情况：前期拍摄时画面太灰，缺少饱和度，这样的画面通常被认为太平，缺少对比度，画面不够生动。这时候使用后期软件中的曲线工具，通过调整曲线让画面暗的部分更暗，亮的部分更亮，让整个画面的亮度分布在更多的层次跨度，在不丢失细节的情况下，通过后期调色增加画面的对比度。另外，调色软件还支持对画面饱和度的调节，通过色相/饱和度之类的滤镜可以很容易调高或者降低画面颜色的饱和度，从而让画面更生动，如图 1-4 所示。

　　第三种情况：摄像机在拍摄时白平衡色温设置不正确，画面偏蓝或者偏红，这时候需要进行后期校色。现在很多非编软件中都内置了很好的白平衡校正工具，操作非常简单，只要用颜色吸管去吸取画面中本来应该是白色或者灰色的偏色画面，即可一键完成白平衡校色功能，如图 1-5所示。

图 1-4

图 1-5

数字影视制作技术大大扩展了影视后期制作人员的想象力和创造力，影视工作者已经不满足真实还原现实世界了，营造某种艺术效果也是后期调色中很重要的工作。

第一，可以局部色彩替换，比如，换掉画面中花朵的颜色或者人物衣服的颜色，如图 1-6 所示。

图 1-6

第二，去色处理或者单色处理，这种情况下多是为了表达某种过去的或者梦幻的效果，如图 1-7 所示。

图 1-7

第三，整体调色。在很多时候，为了表达某种情绪，影视后期人员会将企业宣传片的整体效果调成某种偏色效果，比如，整体偏红、整体偏青等，或者是对画面进行整体调色，使其呈现不同的影调，如图 1-8 所示。

图 1-8

1.3 新增和特色功能

　　达芬奇调色系统 (DaVinci Resolve) 最初是专为好莱坞顶级调色师所设计的，它能帮助专业人士打造出独一无二的精彩画面。随着近二十多年来的迅速发展，达芬奇调色系统已经成为影视后期制作的行业标准之一，也是电影电视行业的首选制作工具，涉及的领域早就超出了电影的范畴，在许多电视剧、电视广告、音乐电视、纪录片和企业宣传片等作品中都可见达芬奇的神奇功效。

　　达芬奇调色系统到目前的 DaVinci Resolve 14 版本，已经成为颠覆传统的全新创意工具，集剪辑、调色、专业音频后期制作于一身的一站式流程，能够在剪辑、调色、音频和交付流程之间迅速切换。当进行团队协作时，所有成员都能同一时间在同一个项目上开展工作。达芬奇作为一个专业级剪辑和调色系统，拥有完善的剪辑功能，包括多机位剪辑和音频编辑功能、自定义曲线用贝塞尔句柄控制、全新的透视跟踪器、全新的 3D 抠像工具、节点复合功能创建嵌套的节点图、自动匹配片段颜色等；在导出功能方面也得到了加强，如远程渲染及在渲染队列中查看所有作业等功能。

　　下面介绍 DaVinci Resolve 14 版本的新增和特色功能。

1 耳目一新的新增功能

　　汇集专业的 Fairlight 音频和高效协作等革命性精彩功能。DaVinci Resolve 14 在为剪辑师和调色师新增数百项精彩功能的同时，还首度添加了针对音频专业人士的众多功能。其最新的回放引擎能显著提升响应速度，以 10 倍性能助剪辑师一臂之力。新增设的 Fairlight 页面便于使用音频后期制作工具完成记录、编辑、混音、美化及母版制作，并设有专业的 3D 音频空间和多达 1000 个声道。

　　为调色师新增多个滤镜，包括自动面部识别和跟踪功能，可快速完成美化肤色、提亮双眼、更改唇色等功能。

　　DaVinci Resolve 14 还拥有革命性的全新多用户协作工具，其中包括媒体夹锁定、聊天及时间线合并功能，方便负责同一个项目的剪辑师、调色师和声音剪辑师能保持同步沟通。

2 专业剪辑

　　DaVinci Resolve 14 几乎包含了所有后期需要的剪辑和修剪工具，无论创意制作还是在线精编方面都是理想之选。最新的高性能引擎速度提升 10 倍，能让回放和修剪操作获得空前的响应速度，即使是极其消耗处理器的 H.264 和 RAW 格式也不在话下。

　　(1) 创意编辑

　　用户熟悉的多轨道时间线，设有快捷编辑弹出菜单、7 个不同的编辑类型、自定义键盘快捷键等功能，如图 1-9 所示。

　　(2) 高级修剪

　　根据鼠标位置显示修剪工具，分别提供波纹、卷动、滑移、滑动等修剪操作，无须手动切换工具，如图 1-10 所示。

　　(3) 多机位剪辑

　　专业的多机位剪辑，设有实时 2、4、9、16 机位回放视图，回放的同时快速进行画面剪接，如图 1-11 所示。

　　(4) 速度特效

　　快速创建匀速或变速，设有变速曲率和可编辑曲线功能，如图 1-12 所示。

图 1-9

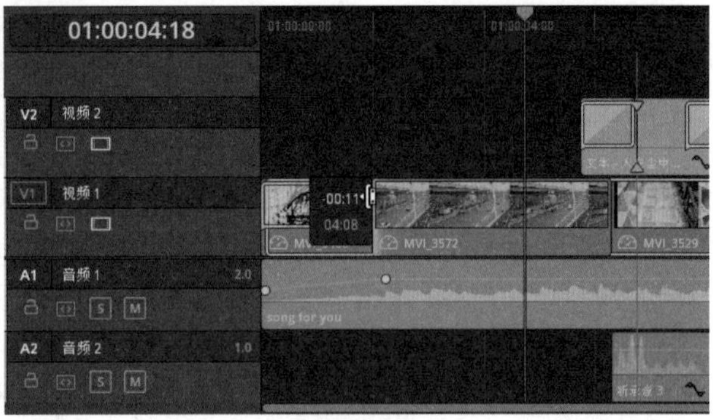

图 1-10

图 1-11

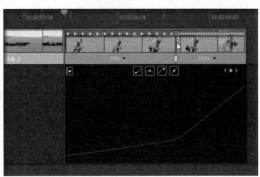

图 1-12

(5) 运动曲线编辑器

使用检查器或时间线上的运动曲线编辑器设置各类参数的动画并添加关键帧，如图 1-13 所示。

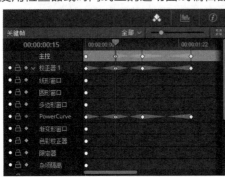

图 1-13

(6) 转场和特效

使用内置素材库快速添加转场和滤镜，或添加第三方插件创建精彩特效，如图 1-14 所示。

(7) 精编

设有最新的位置锁定功能等强大工具，能以最快速度进行项目套底和精编，完成作品交付，如图 1-15 所示。

③ 调色

DaVinci Resolve 被广泛用于各类电影和电视的制作，它拥有业界最为强大的一级和二级调色工具、先进的曲线编辑器、跟踪和稳定功能、降噪和颗粒工具及 Resolve F人等。

图 1-14

(1) 传奇品质

DaVinci Resolve 拥有荣获 Emmy Awards(艾美奖) 殊荣的图像处理技术，以 32 位浮点处理结合获得专利的独特 YRGB 色彩科学，能独立于色彩之外单独处理亮度信息，这样就可以调整视频的亮度，而无须重新对色彩的亮部、中间调和暗部进行平衡。此外，

图 1-15

其庞大的内部色彩空间还非常适合最新的 HDR 和宽色域工作流程，有助于创作出目前其他系统所无法达到的惊艳作品，如图 1-16 所示。

图 1-16

(2) 一级校色

传统的一级色轮配以 12 个先进的一级校色控制工具，能快速调整色温、色调、中间调细节等内容，如图 1-17 所示。

(3) 曲线编辑器

快速更改图像的对比度和高光及阴影部分，并为每个通道分设曲线和柔化裁切功能，如图 1-18 所示。

(4) 二级调色

使用 HSL 限定器、键控和基本或自定义动态遮罩形状来分离图像的不同部分并进行跟踪，从而有针对性地进行调整，如图 1-19 所示。

(5) 高动态范围 (HDR)

获 得 如 Dolby Vision、Hybrid Log-Gamma 等高宽容度和宽色域格式。

图 1-17

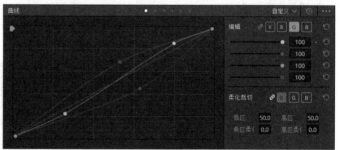

图 1-18

图 1-19

(6) 广泛格式支持

直接使用来自摄影机的原始 RAW 文件进行制作，同时支持几乎所有其他格式，以最高品质全方位控制图像。

④ Fairlight 音频

DaVinci Resolve 14 将功能全面的 Fairlight 音频融入其中，全新专业的音频后期制作工具便于在剪辑和调色时使用。这一高端功能可对多达 1000 个声道进行实时混合，并且支持功能庞大的 Fairlight 调音台。它是一套真正的端到端工作流程，支持声音剪辑、音效制作、美化及混音等，可以完成混音并制作多格式母版，包括 5.1、7.1 甚至 22.2 声道 3D 立体声格式。

(1) 多达 1000 个轨道

创建多达 1000 个音轨，包含 8 个主声道、多路子混音和辅助输出。添加 Fairlight Audio Accelerator 后，即可获得零延迟实时性能，如图 1-20 所示。

(2) 均衡和动态处理

每路轨道均可获得实时 6 频段均衡功能，以及扩展器 / 门控、压缩器和限制器动态处理，如图 1-21 所示。

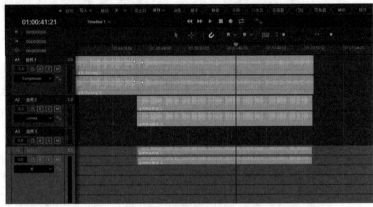 

图 1-20　　　　　　　　　　　　　　　　图 1-21

(3) 剪辑和自动化

剪辑高达 192kHz 和 24bit 的片段，使用自动化功能调整淡入淡出、电平等元素，甚至可以精确到单独音频采样，如图 1-22 所示。

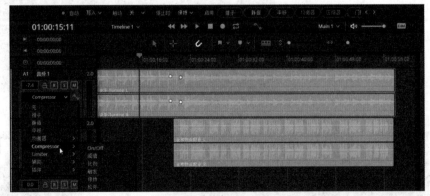

图 1-22

(4) 混音

专业级混音器，配备输入选择、特效、插入、均衡器、动态图文、声像、输出选择、辅助、主混音和子混音等功能，如图 1-23 所示。

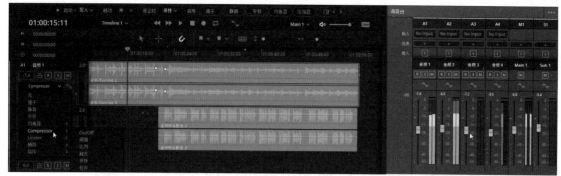

图 1-23

(5) 插件特效

添加第三方 VST 插件，增加更多创意选择，获得实时专业处理性能，每个轨道可拥有多达 6 个插件，如图 1-24 所示。

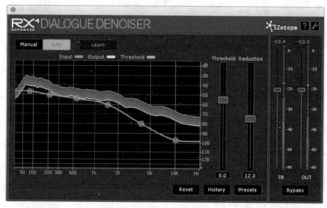

图 1-24

(6) 母版制作

完成从单声道到立体声、5.1、7.1、杜比甚至 22.2 声道在内的内容交付，获得全方位 3D 立体声声像调节，如图 1-25 所示。

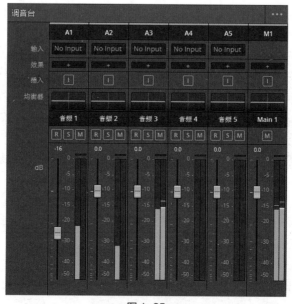

图 1-25

⑤ 媒体和交付

有了 DaVinci Resolve 14，文件导入、同步和素材管理变得更加快速，无论制作的影片是用于网络发布还是院线发行，DaVinci Resolve 14 都能提供所需的一切功能，以任何格式完成项目交付，能够实现更高效的工作流程。

(1) 导入素材

使用媒体工作界面导入素材，进行音频同步并为剪辑环节做好准备。一拖一拽，即可将文件从存储盘移动到媒体夹，甚至是时间线上，如图 1-26 所示。

图 1-26

(2) 管理片段

创建普通智能媒体夹或者用带有元数据的智能媒体夹来管理片段，可以自定义列表视图，获得多个媒体夹窗口等，如图 1-27 所示。

图 1-27

(3) 元数据

使用内嵌的元数据，或者自行添加元数据来管理和同步各个片段，获得更改显示名称，检测多机位角度的起止位置等功能，如图 1-28 所示。

(4) 交付选项

输出到网络，在其他软件之间交互回批项目和媒体文件，甚至创建数字电影数据包用于影院发行，如图 1-29 所示。

图 1-28

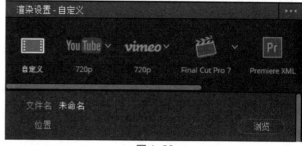
图 1-29

（5）渲染队列

快速将多个作业添加到渲染队列进行批量处理，甚至还可以将项目输出到其他工作站，如图 1-30 所示。

（6）广泛格式支持

DaVinci Resolve 14 能兼容几乎所有主流后期制作文件类型和格式，甚至还支持来自其他软件的文件，如图 1-31 所示。

图1-30

图1-31

6　多用户协作

　　DaVinci Resolve 14 彻底颠覆了后期制作的工作流程，革命性的新工具允许同步剪辑、调色和音频后期制作。当助理剪辑师帮助整理素材时，剪辑师可以进行画面剪接，调色师可以为镜头调色，声音剪辑师可以进行混音和音频精修，同一个项目的各个环节均可同时进行。你再也不用花时间进行套底，也不用等其他成员完成剪辑版后才开始调色和音频制作环节。这意味着剪辑师、调色师和声音剪辑师的工作可以平行开展，从而将更多的时间留给作品创意。

7　全新高性能回放引擎

　　DaVinci Resolve 14 最新添加 CPU 和 GPU 优化的高性能视频回放引擎，极速 16 位浮点回放，延迟更低，用户界面刷新更快，并支持 Apple Metal 等功能。众多升级联手将 DaVinci Resolve 14 打造成运行更高效、响应更快速的制作利器。如今，你可以在较长的时间线上对数千片段展开行云流水般的精准操作，剪辑工作从未如此畅快淋漓。搓擦浏览和回放命令的响应速度快到在你指尖尚未离开键盘之时便已生效。如此强劲的动力，即便是制作像 H.264 这样极其消耗处理器的格式，也只需一台笔记本电脑便能实时完成 4K 素材的剪辑。无论你处理的是 HD 还是 4K 影像，也无论它是 ProRes、H.264 乃至 RAW 素材，DaVinci Resolve 14 都能跟上你的每一个节奏，出色完成任务。

⑧ 硬件调色台

DaVinci Resolve 14 调色台拥有睿智设计，能同时控制多个参数，使制作师效率倍增、创意不断。所有控制采用合理布局，接近双手自然活动位置，并以顶级材料精心打造而成。它拥有顺滑而灵敏的轨迹球，配以高精度工程设计的旋钮，使用起来触感舒适且力度适中，令各项设置均能准确调整。DaVinci Resolve 14 调色台能将你的指尖延伸至画面的每个角落，让你用直觉控制细腻笔触，如图 1-32 所示。

图 1-32

⑨ Fairlight 专业调音台

Fairlight 调音台采用模块化可升级台式设计或者独立式设计，几乎为软件中的所有参数和功能都设立了高品质轻触式控制。它有着独特的用户界面和便捷的按钮控制，能快速映射调音台按键完成各项配置，帮助优化任务操控。Fairlight 音频能为你带来远胜业界其他工具的高效控制，可实现多种配置方案，如图 1-33 所示。

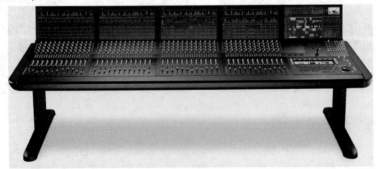

图 1-33

⑩ 兼容 Mac、Windows 和 Linux 系统

DaVinci Resolve 14 突破了操作平台的限制，无论是在家中或后期工作室的 Mac 计算机，还是使用 Windows 系统的广电机构，或者是使用 Linux 系统的视觉特效工作室，它都可以畅通无阻地运行。这一创举带来了极大的灵活性，在允许自由选择操作平台的同时，也方便了不同操作系统和工作流程之间的相互整合。

11 开放且兼容

　　目前的工作流程和制作系统纷繁复杂，各有不同。因此，你需要一款具备足够兼容性和开放性的后期制作方案来从事各种类型的工作。DaVinci Resolve 14 可使用各种文件格式和媒体类型，也能和各类后期制作软件无缝合作。可以使用 XML、EDL 或 AAF 文件在 DaVinci Resolve、Final Cut Pro、Avid Media Composer 和 Premiere Pro 之间移动项目。它和 Fusion 之间的深度整合也使镜头的视觉特效制作更为便捷，当然也与 After Effects、Nuke 等软件实现交互回批。除此之外，在 DaVinci Resolve 和 Pro Tools 之间移动音频项目也变得更加简单。

1.4　软件安装

　　DaVinci Resolve 14 中文版有两个版本：一个是免费精简版 DaVinci Resolve 14；另一个是收费完整版 DaVinci Resolve Studio，运行时需要加密狗。

　　DaVinci Resolve 14 免费版本可以从官网下载使用，运行中不需要加密狗，但该版本被限制了部分功能，包括不能输出 4K 分辨率的影像、不能开启实时降噪、不能进行立体调色和只能使用一块 GPU 等。DaVinci Resolve Studio 具备完整的功能，需要付费购买。

　　达芬奇调色对于计算机主机硬件的要求比较高，对于 CPU 而言，当然是核心数量越多越好。对于 R3D 素材来说，如果没有安装 Red Rocket 加速卡，系统将主要依赖 CPU 对其进行编解码，许多专业的达芬奇平台都会选用 Intel 至强处理器。内存也是越大越好，对于 DaVinci Resolve 14 来说，推荐安装 64 位系统，16GB 以上的内存。达芬奇调色对硬盘的要求也非常高，如果调色主要处理的是品质很高的 RAW 文件或者 DPX 文件，这些文件的码流很高。近年来，很多摄像机和单反相机都可以拍摄 4K 视频了，分辨率的提升带来了码流的提升，这就要求必须使用高速硬盘，固态硬盘其实是个非常好的选择，但是，对于大项目来说成本还是有些高。

　　显卡对于 DaVinci Resolve 14 来说相当重要，必须能够满足并运行 CUDA 或 OpenCL 功能，如果显卡不达标，即使能够安装 DaVinci Resolve 14，也不能正常工作。显卡性能主要看并行运算核心的数量和显存两个方面。N 卡的 CUDA 核心数可以在官方网站查询，比如，Geforce GT540M 显卡的 CUDA 数量只有 96 个，而 QUADRO K4200 显卡的 CUDA 数量有 1344 个。显存则能保证处理更高分辨率的素材和更复杂的纹理。

　　在 Windows 系统上安装 DaVinci Resolve 14 与在 Mac 系统上安装没有太大的区别。下面以在 Windows 10 系统上安装 DaVinci Resolve 14 为例。

1 升级显卡的驱动，笔者使用的是 NVIDIA Quadro K4200 显卡，安装了 GeForce Experience 来管理和更新显卡驱动。单击桌面快捷方式 ，运行 GeForce Experience，更新显卡驱动，如图 1-34 所示。

图 1-34

提示

如果没有安装显卡，可以打开 NVIDIA 设置，下载并安装新版的 GeForce Experience，如图 1-35 所示。

图 1-35

2 安装新版的 QuickTime，如图 1-36 所示。

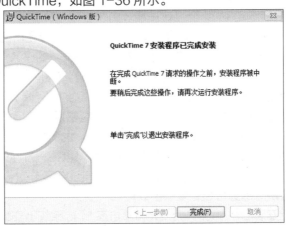

图 1-36

3 双击打开 DaVinci_Resolve_14.0_Windows，进行安装。

1.5 初始软件

当安装完 DaVinci Resolve 14 软件之后第一次打开时，需要进行一些选项的设置，为后面正常的工作做好准备。

1.5.1 参数设置

1 第一次打开 DaVinci Resolve 14 只有默认的数据库和用户，在【项目】窗口中只有一项【未命名项目】，如图 1-37 所示。

2 双击【未命名项目】或单击底部的【新建项目】按钮，即可创建新的项目，如图 1-38 所示。

3 单击【创建】按钮，即可创建新的项目，如图 1-39 所示。

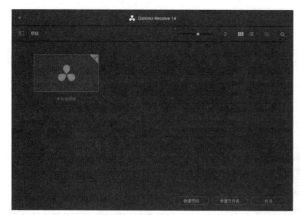

图 1-37

图 1-38

4 如果已经开始工作了，对于存在的项目，可以查看其中的内容，如图 1-40 所示。

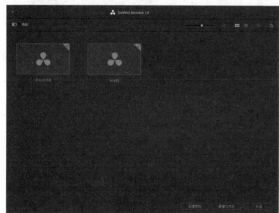

图 1-39

图 1-40

5 双击打开刚刚新建的项目"wzx03"，进入【媒体】工作界面，选择存放素材的硬盘位置，即可查看视频、音频或图片的素材，如图 1-41 所示。

图 1-41

进入 DaVinci Resolve 14 工作界面后，可以进行一些必要的设置，比如，偏好设置和项目设置等。

1 偏好设置

1 选择主菜单 DaVinci Resolve|Prefence 命令，在弹出的对话框中，打开【用户】选项卡，在【UI 设置】选项栏中选择【语言】为【简体中文】，如图 1-42 所示。

2 单击底部的【保存】按钮，弹出设置更新的信息对话框，如图 1-43 所示。

图 1-42   图 1-43

3 关闭 DaVinci Resolve 14，重新启动后就变成了简体中文版。

4 选择主菜单 DaVinci Resolve|【偏好设置】命令，在弹出的对话框中，打开【用户】选项卡，查看【自动保存】选项栏，如图 1-44 所示。

图 1-44

5 打开【系统】选项卡，查看【媒体存储】选项栏，可以移除或添加存储目标，如图 1-45 所示。

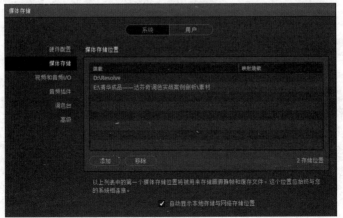

图 1-45

6 单击【添加】按钮，打开计算机的资源管理器，查找合适的文件夹，如图 1-46 所示。

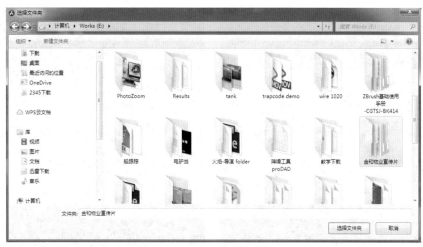

图 1-46

7 单击【选择文件夹】按钮，在【媒体存储】选项栏中添加了新的目标，如图 1-47 所示。

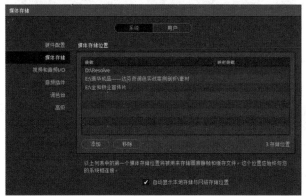

图 1-47

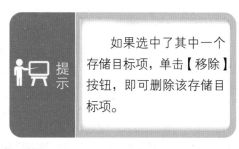

如果选中了其中一个存储目标项，单击【移除】按钮，即可删除该存储目标项。

8 单击底部的【保存】按钮，关闭对话框，在媒体界面左上角的【素材】区域中可以看到排列在前两位的目标位置就是在【媒体存储】选项栏中的两个目标位置，这样就可以快速地集中选择素材，如图 1-48 所示。

图 1-48

9 选择其他的偏好设置选项，比如，【编辑】选项栏中有时间线和常规设置，如图 1-49 所示。

10 还可以定义自己习惯的快捷键，如图 1-50 所示。

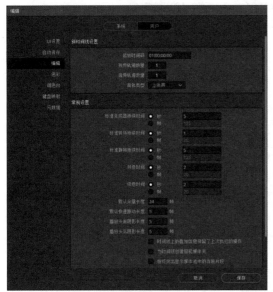

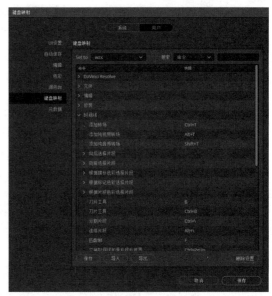

图 1-49 图 1-50

2 项目设置

项目设置主要包括项目尺寸、帧速率、抗锯齿、色彩管理、套底选项、Camera RAW 解码及录机采集回放等参数设置。

1 选择主菜单【文件】|【项目设置】命令，打开【项目设置】对话框，主要针对输出成品的要求对【时间线分辨率】、【时间线帧率】、【回放帧率】及【视频监看】选项组中的各种选项进行设置，如图 1-51 所示。

2 单击 Camera RAW 选项，根据不同素材来源选择合理的 RAW Profile 选项，获得正确的解码质量和方式，如图 1-52 所示。

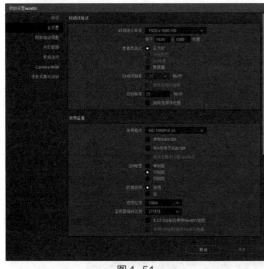

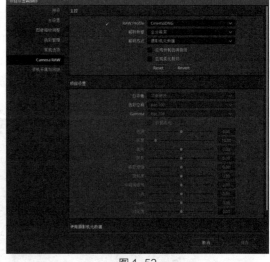

图 1-51 图 1-52

3 多数选项不需要进行特殊的设置，单击底部的【保存】按钮，关闭【项目设置】对话框。

1.5.2 工作界面

完成必要的设置之后，在开始使用 DaVinci Resolve 14 进行工作之前，先来介绍工作界面。DaVinci Resolve 14 主要包括【媒体】、【剪辑】、【调色】、Fairlight 和【交付】5 个工作界面。

1 【媒体】工作界面

当新建一个项目后，首先进入【媒体】工作界面，这里是管理和组织媒体的基本界面，为在【剪辑】工作界面中进行编辑工作而准备媒体素材，分门别类地进行管理。

【媒体】工作界面的顶部是一个工具栏，其中有一些按钮可以切换界面的不同部分，如图 1-53 所示。

图 1-53

① 媒体存储完整 / 半高：单击该按钮可以向下延展媒体存储位置和相应的媒体素材缩略图的显示区域，如图 1-54 所示。

图 1-54

② 媒体存储：单击该按钮，可以打开或关闭媒体存储列表的显示，如图 1-55 所示。

图 1-55

③ 克隆工具：单击该按钮，可以显示或隐藏克隆工具面板，用来克隆存储卡或者硬盘中的媒体数据，如图 1-56 所示。

图 1-56

④ 音频：单击该按钮，可以显示或隐藏音频表或波形图，如图 1-57 所示。

图 1-57

⑤ 元数据：单击该按钮，可以显示或隐藏选择媒体的元数据信息，如图 1-58 所示。

图 1-58

⑥ 采集：单击该按钮，可以打开采集面板，检测采集设备，如果连接了设备，可以进行视频采集，如图 1-59 所示。

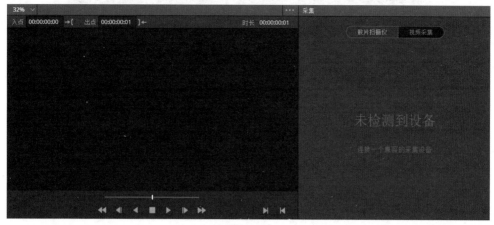

图 1-59

⑦ 音频 / 元数据 / 采集面板完整 / 半高：单击该按钮，可以控制【音频】、【元数据】和【采集】面板显示区域的大小，相应地改变底部【媒体夹】的显示区域。该按钮呈现 ▦ 状态时为完整区域显示，该按钮呈现 ▾ 状态时为半高区域显示，如图 1-60 所示。

图 1-60

【媒体】工作界面主要划分为 5 个区域，用于查找和选择媒体、查看媒体内容、组织媒体及编辑元数据。

(1) 媒体存储浏览器

列表显示硬盘存储分区及在【偏好设置】对话框中设置的【媒体存储位置】，当选择了存储位置后，就会显示其中媒体素材的缩略图，方便选择并添加到媒体池中，如图 1-61 所示。

(2) 监视器

监视器用于查看选择媒体的内容，除具有完全的播放控制外，还可以设置入点和出点，这样就可以选择媒体的局部添加到媒体池中，为剪辑工作使用，如图 1-62 所示。

(3) 媒体池

我们把准备用于剪辑和调色工作的媒体放在媒体池中，可以创建媒体夹分门别类地组织和管理素材，如图 1-63 所示。

图 1-61

图 1-62

图 1-63

(4) 元数据

查看媒体的元数据信息，包括时长、帧率、分辨率及编解码格式等，如图 1-64 所示。

(5) 音频

查看音频的音量大小或切换到音频波形，如图 1-65 所示。

图 1-64

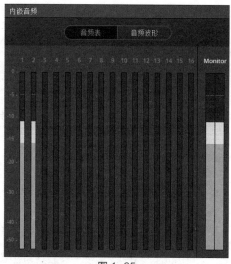

图 1-65

② 【剪辑】工作界面

【剪辑】工作界面是 DaVinci Resolve 14 进行媒体剪辑，添加转场、文本和特效的工作区。单击底部的【剪辑】按钮，进入此工作界面，如图 1-66 所示。

图 1-66

在【剪辑】工作界面中，不仅可以直接进行剪辑和调色工作，还可以从其他非线性编辑系统中导入时间线，然后在 DaVinci Resolve 14 中进行调色和成片制作。

【剪辑】工作界面主要包括媒体池、特效库、编辑索引、监视器、检查器、调音台、工具栏和时间线 8 个工作区。

（1）媒体池

【剪辑】工作界面中的媒体池与【媒体】工作界面中的媒体池是对应的，包含了我们选择并拖动进来的媒体素材，以及辅助管理素材的媒体夹等。媒体池中的素材可以添加到时间线组成影片，如图 1-67 所示。

（2）特效库

在【剪辑】工作界面中，可以为时间线上的素材添加转场特效、滤镜和字幕等，如图 1-68 所示。

图 1-67

图 1-68

（3）编辑索引

在这里可以查看应用素材的入点和出点、源素材的入点和出点等信息，如图 1-69 所示。

（4）监视器

监视器可以单屏或者双屏显示源素材和节目效果预览，在监视器的底部包含正反向播放、快进、停止、慢巡及设置入点出点等按钮，如图 1-70 所示。

（5）检查器

检查器面板包含时间线上素材的合成模式、不透明度及变换参数的设置，如图 1-71 所示。

（6）调音台

调音台面板不仅可以查看音量指标，还可以对音量进行调节，或者设置音频轨道的独奏或静音，如图 1-72 所示。

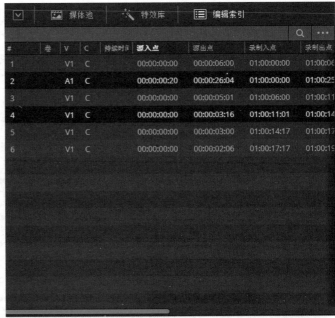

图 1-69

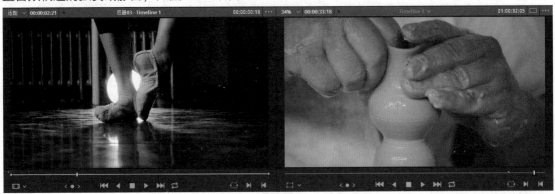

图 1-70

图 1-71

图 1-72

(7) 工具栏

工具栏包含全部的快捷编辑工具，比如选择、修剪、刀片、插入、覆盖和替换等工具，以及吸附、锁定等辅助编辑的工具，还有标记点和缩放时间线视图的工具，都是为了提高剪辑工作的效率，如图 1-73 所示。

图 1-73

(8) 时间线

时间线是每个影视编辑软件都具备的工作区，在这里组织视频和音频素材，形成完整的影片。在时间线视图中还可以设置轨道的可视性，调整关键帧曲线及音频音量等，如图 1-74 所示。

图 1-74

时间线分为音频轨道和视频轨道，轨道左侧有许多控制按钮，可以指定要编辑的轨道、为轨道命名、打开和关闭轨道等，可以通过时间线上方右侧的按钮来定义时间线的显示方式，如图 1-75 所示。

③ 【调色】工作界面

【调色】工作界面是 DaVinci Resolve 14 的核心，拥有很多控制器，包括 DaVinci Resolve 14 几乎所有的调色工具和功能，用于调整色彩和对比度、降噪、二级调色、创建图形特效、调整片段的尺寸及跟踪等，如图 1-76 所示。

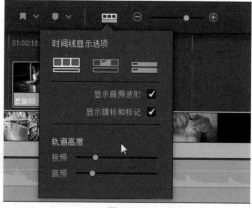

图 1-75

图 1-76

调色工作区的顶部是工具栏，其中的按钮可以切换界面的不同部分，如图 1-77 所示。

图 1-77

① 画廊：单击该按钮，显示静帧集，便于对比和快速应用调色，如图 1-78 所示。

② 时间线：单击该按钮，在监视器下方会显示时间线上片段的分布情况，这样方便选择要进行调色的片段，如图 1-79 所示。

③ 片段：单击该按钮，在监视器下方会显示时间线上片段的缩略图，这样更方便查看和选择要进行调色的片段。其下拉菜单中还有更多的选项，可以显示不同要求的片段，如图 1-80 所示。

④ 节点：单击该按钮，打开或关闭节点编辑器。

⑤ OpenF人：单击该按钮，显示或隐藏OpenF人特效库和滤镜设置面板。

⑥ 光箱：单击该按钮，打开【光箱】面板，其中罗列了应用【片段】模式显示的片段缩略图，可以单击并拖动鼠标进行片段内容的预览，如图 1-81 所示。

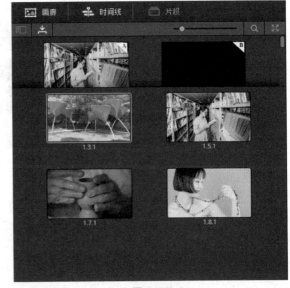

图 1-78

图 1-79

图 1-80

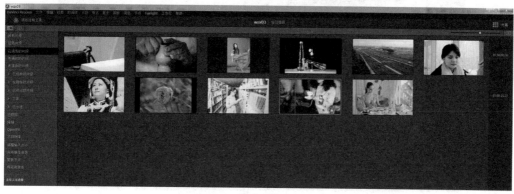

图 1-81

【调色】工作界面划分为 8 个主要区域，包括监视器、画廊、节点编辑器、时间线、左侧调色面板、中间调色面板、关键帧编辑器和 OpenFX 面板。

(1) 监视器

监视器显示的是时间线中当前播放指针位置的帧画面，可以拖动底部的滑块或播放控制器查看画面内容，如图 1-82 所示。

监视器可以在没有外接监视器的情况下审看画面，在调色过程中对画面进行采样和多种屏幕操作。监视器的顶部显示有时间线的名称、当前时间

图 1-82

指针位置和显示比例，以及图像划像、分屏控制、突出显示功能按钮。单击时间线名称的下拉菜单，可以选择项目中其他的时间线。在底部右侧显示该片段的源时间码，底部的滑块可以在时长范围内随意拖动当前指针，回放控制按钮可以控制图像的回放，还有控制音频的开关及指定当前屏显控制模式。

(2) 画廊

画廊用于存储和比较不同片段的参考静帧，每个静帧都可以存储可复制的调色信息，不仅可以进行对比，也可以快速应用调色信息到其他的片段，如图 1-83 所示。

图 1-83

(3) 节点编辑器

节点编辑器是达芬奇调色的强大工具，在节点编辑器中可以添加与管理调色的节点，设置节点之间的连接并创建由多个校正节点组成的节点树，通过重新排列操作顺序、合并键或改变图层顺序构建特殊的调色效果，如图 1-84 所示。

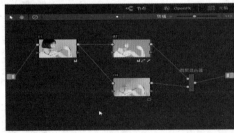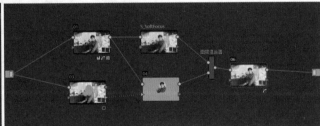

图 1-84

(4) 时间线

【调色】工作界面中的时间线能够反映【剪辑】工作界面中时间线的内容，在【剪辑】工作界面中对时间线所做的修改会及时反馈到【调色】工作界面中。

时间线工作区分为 3 个部分，各部分显示不同的信息和控制功能。顶部的时间标尺可以在整个时间线范围内的多个片段之间拖动播放指针，还可以缩放标尺以显示整个项目或部分甚至个别片段，比较快捷的方式就是通过鼠标滚轮进行放大或缩小显示。通过单击【调色】工作界面顶部的【时间线】按钮打开或关闭时间线显示，是【剪辑】工作界面中时间线的缩微再现，其中每个片段的时间和其实际时长相同。如果单击【片段】按钮，则在时间线上方显示片段的缩略图。当前选定的片段以橘色框显示，在缩略图上方和下方显示有源时间码、片段编号、轨道编号、版本名次、是否已被调色、被跟踪或被设置标记等，如图 1-85 所示。

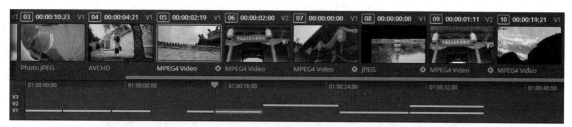

图 1-85

(5) 左侧调色面板

【调色】工作界面底部左侧的面板中提供了多个调色工具集，主要用于原始媒体格式设置、调整色彩、亮度和对比度等，如图 1-86 所示。

图 1-86

单击调色板顶部对应的图标，可以打开每一个独立的调色面板，有 Camera Raw 面板（用来调整 Raw 格式数据）、色彩匹配面板（通过色卡采样进行自动调色）、色轮（包括一级校色轮、一级校色条和 Log 色轮，通过图形色彩平衡控制器中的主旋钮或滑块，调整 YRGB Lift/Gamma/Gain 参数）、RGB 混合器（可混合不同颜色通道）和运动特效面板（降噪和运动模糊控制器）。

(6) 中间调色面板

【调色】工作界面的底部中间是二级调色工具集。该面板除了包括很多调整颜色的功能外，还有许多面板可以进行限定、跟踪、动画、模糊、抠像、调整大小及 3D 等操作，如图 1-87 所示。

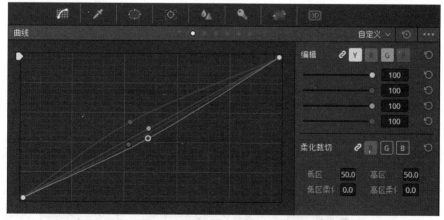

图 1-87

当选定了一个功能面板，有的还有多项选择。比如，曲线面板就包括 6 种不同形式的曲线面板，如图 1-88 所示。

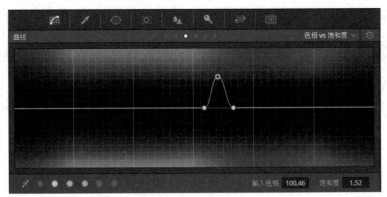

图 1-88

(7) 关键帧编辑器

关键帧编辑器主要用来创建和设置关键帧，以及调整关键帧的位置，如图 1-89 所示。

图 1-89

当放大显示关键帧编辑器时，左侧和中间的调色工作区会合并在一起，如图 1-90 所示。

图 1-90

(8) OpenFX 面板

OpenFX 面板用于显示 OpenFX 滤镜库（包括 ResolveFX 滤镜和外挂插件）和滤镜设置面板，如图 1-91 所示。

图 1-91

4 Fairlight 工作界面

DaVinci Resolve 14 添加专业的音频处理工具 Fairlight，在音频的合成和效果处理方面都更上一层楼。Fairlight 工作界面包括音频多轨道混合、媒体编辑、音频监听、音量控制等，如图 1-92 所示。

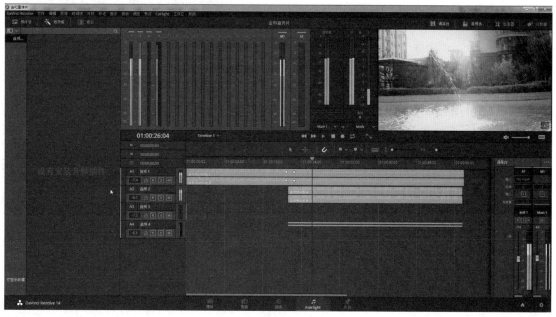

图 1-92

5 【交付】工作界面

当剪辑和调色工作结束后，就需要进入最后一个环节，也就是交付工作。【交付】工作界面包括监视器、时间线、渲染设置和渲染队列面板，如图 1-93 所示。

图 1-93

渲染设置面板中包含渲染媒体的自定义选项，可以设置输出代理文件、套底回批文件或者输出为成片，包括设置输出文件的名称、存储位置和导出视频的格式等。如果交付的媒体样式或选择时段不同，可以一并添加到渲染队列的作业列表中，如图 1-94 所示。

【交付】工作界面的时间线和【调色】工作界面的时间线是一致的，既可以导出整个时间线，也可以导出部分时间线。在时间线中可以关闭不需要显示的轨道，可以选择导出哪个片段或者选择导出哪个版本。

1.5.3 配置调色环境

为了更好地识别色彩，尽量使调色师和影片的观众能在近似的环境中观看画面，同时也才能尽可能接近真实地表达导演和摄影师的创作初衷。在开始调色前，调色师首先要做的是配置调色环境和校准监视设备，科学地评估影视作品的色调和精确地分辨色差，给复杂的调色工作创造最佳的起点。

由于操作系统、色彩管理和显示设备的差异，最终呈现在监视器上的画面可能截然不同，所以影片的调色结果要满足观众的期待，首先需要一台精准的显示设备，在视频信号符合广播安全的前提下，位于示波器 0 底线的图像暗部和位于示波器 100% 顶线的高光部分应该在显示器上看起来非常理想。也就是说，底线对应纯黑色，

图 1-94

而顶线对应纯白色。再有就是调色师所处的工作环境极为重要，整个工作环境的照明要尽可能地合理配置，在理想的环境中要避免监视器反射环境光线，因为监视器的反光会降低人眼对反差的感觉和识别。调色师的工作环境配置要参考影片的目标观众的观看环境，并非全黑的环境更适合调色工作。对于以电视媒体作为发布平台的影片来说，调色环境需要保持类似于电视观众的弱光环境，而提供影院的影片会模拟影院观影效果——全封闭和全黑。还有一点值得提醒的是，调色工作不易连续作战，要适当休息并注视白色墙壁或物体，以缓解眼睛疲劳，平衡视网膜中的红色、绿色、蓝色三种感光锥，保证人眼能够准确分辨细微的颜色差别。

配置调色环境具有重要的意义，会直接影响调色师的工作效率和质量，如果具备雄厚的资金实力，肯定容易确定选择什么样的监视设备和如何配置高标准的工作环境。对大多数的调色机构或工作室来说，预算取决于影片的用途，如果针对的是院线、广播电视和蓝光出版，需要配置专业的设备和照明环境，还要用专业的校准设备进行定期的校准，确保在复杂的流程中保持色彩的一致性。而以网络作为发布平台的影片，则可以根据资金预算合理地选择设备，而不是一定非要有高端的监视器，但恰当的校准是必不可少的。

1.6 快速入门实例

为了能快速了解 DaVinci Resolve 14 的基本工作流程和一些常用的功能操作，下面用一个简单的实例进行讲解。

1 在桌面上双击快捷图标，打开 DaVinci Resolve 14 软件，进入项目设置界面，单击【新建项目】按钮，创建项目"入门练习"，如图 1-95 所示。

2 进入 DaVinci Resolve 14 工作界面，选择主菜单【文件】|【项目设置】命令，激活【主设置】选项栏，设置【时间线格式】和【视频监看】的参数，如图 1-96 所示。

3 单击底部的【媒体】按钮，进入媒体工作界面，在媒体浏览器中查看素材，如图 1-97 所示。

图 1-95

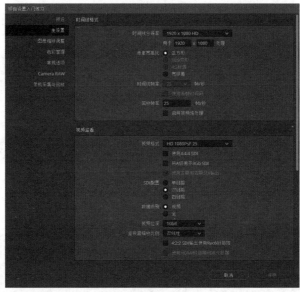

图 1-96

图 1-97

4 选择其中的一个素材并在监视器中查看内容，如图 1-98 所示。

图 1-98

5 将选择的素材拖动到媒体池中，如图 1-99 所示。

图 1-99

6 单击底部的【剪辑】按钮，进入【剪辑】工作界面，拖动素材到时间线上组成一个简单的影片，如图 1-100 所示。

图 1-100

7 拖动当前指针查看时间线的内容，如图 1-101 所示。

图 1-101

8 单击底部的【调色】按钮，进入【调色】工作界面，选择第一段素材，在左侧的【一级校色轮】面板中调整 Gamma 色轮的轴心改变色调，如图 1-102 所示。

图 1-102

9 在监视器窗口中右击，在弹出的快捷菜单中选择【抓取静帧】命令，在画廊中添加静帧，如图 1-103 所示。

图 1-103

10 选择时间线上的第二段素材，在左侧的【一级校色轮】面板中调整 Gamma 参数，在中间的【曲线】面板中调整曲线形状，稍提高亮度并降低暗部，如图 1-104 所示。

图 1-104

11 在【节点】面板中的"节点 01"上右击，在弹出的快捷菜单中选择【添加串行节点】命令，创建"节点 02"，如图 1-105 所示。

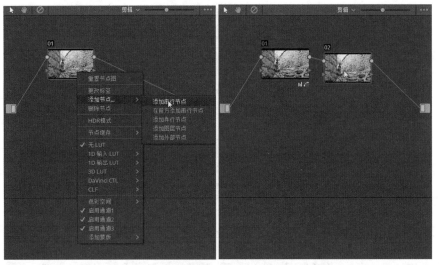

图 1-105

12 右击新添加的"节点 02"，添加 LUT，根据需要尝试几种不同的选项，最后选择 The Nasty Lawman 选项，如图 1-106 所示。

图 1-106

13 在监视器上方单击【绕过所有调色操作】按钮，对比源素材和调色后的效果，如图 1-107 所示。

图 1-107

14 选择第一个节点，在【一级校色轮】和【曲线】面板中进行微调，如图 1-108 所示。

图 1-108

[15] 在监视器窗口中右击，在弹出的快捷菜单中选择【抓取静帧】命令，并拖动到记忆 B 中，如图 1-109 所示。

图 1-109

[16] 选择第四个片段素材，在监视器中查看内容，选择主菜单【调色】||【记忆】||【加载记忆 B】命令，该素材自动应用了调色信息，如图 1-110 所示。

图 1-110

[17] 选择第三个片段素材，在监视器中查看内容，选择主菜单【调色】||【记忆】||【加载记忆 B】命令，该素材自动应用了调色信息，如图 1-111 所示。

图 1-111

[18] 拖动当前播放指针查看和对比调色后的镜头效果，在【节点】面板中右击第二个节点，在弹出的快捷菜单中选择【添加串行节点】命令，添加一个新的节点，如图 1-112 所示。

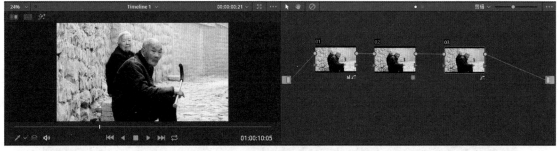

图 1-112

[19] 选择"节点 03"，在【曲线】面板中单击 R 调整红色曲线，单击 G 调整绿色曲线，如

图 1-113 所示。

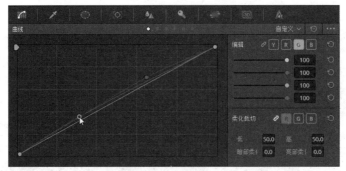

图 1-113

20 在监视器窗口中右击,在弹出的快捷菜单中选择【抓取静帧】命令,在画廊中添加静帧,如图 1-114 所示。

图 1-114

21 选择第四个片段素材,在监视器中查看内容,在画廊中右击"静帧 1.3.1",在弹出的快捷菜单中选择【应用调色】命令,该素材自动应用了调色信息,如图 1-115 所示。

图 1-115

22 选择第一段素材,在【节点】面板中添加一个串行节点,单击【限定器】按钮,用吸管在监视器中的天空部分吸取颜色,如图 1-116 所示。

图 1-116

图 1-116(续)

23 单击【突出显示】按钮，显示选取颜色的区域并调整限定器参数，如图 1-117 所示。

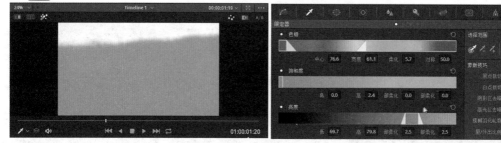

图 1-117

24 再单击【突出显示】按钮，取消【突出显示】，在左侧的【一级校色轮】面板中调整色调，如图 1-118 所示。

25 在节点编辑器中添加图层混合器节点，进行正确的连接，然后右击该节点，在弹出的快捷菜单中选择【合成模式】为【变暗】，如图 1-119 所示。

图 1-118

图 1-119

26 添加一个串行节点，在中间调色面板中调整 Y、G、B 曲线，如图 1-120 所示。

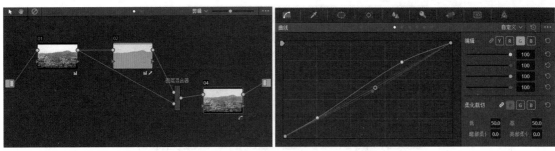

图 1-120

27 再添加一个串行节点，选择 3D LUT 中的 The Nasty Lawman 选项，如图 1-121 所示。

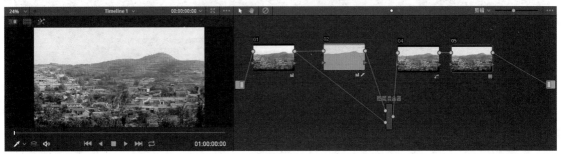

图 1-121

28 因为应用了LUT,最后的效果不太理想,选择第三个节点,重新调整曲线形状,如图1-122 所示。

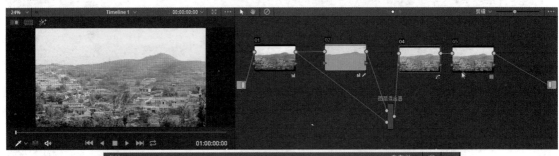

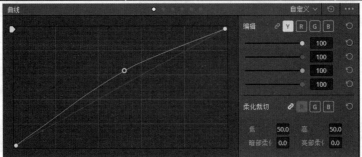

图 1-122

29 拖动播放指针反复查看和对比调色后的镜头效果，选择第三个节点，在左侧的【一级校色轮】面板中调整 Lift 参数，如图 1-123 所示。

30 单击底部的【剪辑】按钮，进入【剪辑】工作界面，调色效果实时反馈到剪辑时间线上，在这里可以播放查看调色后的效果。

31 单击底部的【交付】按钮，进入【交付】工作界面，设置渲染输出文件的目标位置和文件名称，如图 1-124 所示。

32 单击底部的【添加到渲染队列】按钮，这样在【渲染队列】中就添加了一项作业，单击【开始渲染】按钮，开始渲染运算，如图 1-125 所示。

图 1-123

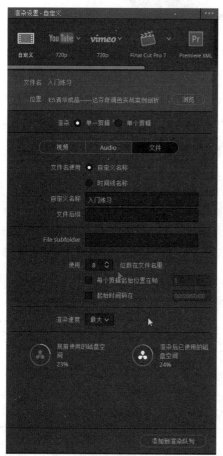

图 1-124

图 1-125

1.7 本章小结

　　本章重点讲述了数字影视时代后期调色的必要性及创建影像风格的重要性，简单介绍了著名调色软件——达芬奇的发展、基本功能及软件安装应该注意的问题，针对刚刚接触 DaVinci Resolve 14 的读者还详细讲解了工作界面和参数设置，最后通过一个入门实例讲述了达芬奇调色的基本流程。

第 2 章

项目设置与素材管理

DaVinci Resolve 14 作为顶级的调色创意工具，自身具备了完全的编辑、调色、音频和交付功能，在素材的管理和组织方面相当高效。通过与其他影视编辑软件的整合应用，可以兼容各个平台的后期制作项目，让更多设计师的合作不再受平台的限制。

2.1　项目设置

　　打开 DaVinci Resolve 14 软件准备开始编辑或调色工作之前，第一项准备工作就是进行
正确的项目设置，选择主菜单【文件】|【项
目设置】命令或者单击工作界面右下角的
【项目设置】按钮，打开【项目设置】
对话框，默认情况下，直接打开的是【主
设置】面板，如图 2-1 所示。

　　【项目设置】对话框包含 7 个选项栏，
分别是预设、主设置、图像缩放调整、色
彩管理、常规选项、Camera Raw、录机
采集与回放。

　　当创建了新的项目之后，调色师要根
据不同项目的实际需要设定分辨率、帧速
率、监看设置、工作文件夹、色彩空间和
Camera RAW 解码方式等。

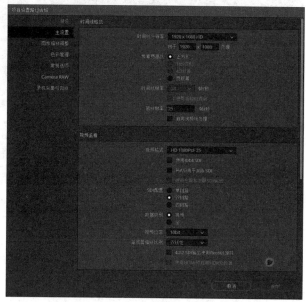

图 2-1

1　主设置

　　在【主设置】面板中首先设置【时间
线格式】选项组，包括选择时间线分辨率
预设和设置回放帧率等，如图 2-2 所示。

　　在【视频监看】选项组中选择视频格式预设选项及视频位深等，如图 2-3 所示。

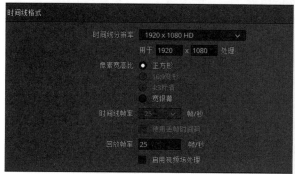

图 2-2

图 2-3

　　在【工作文件夹】选项组中可以指定缓存文件和画廊静帧的位置等，如图 2-4 所示。

图 2-4

2　色彩管理

　　【色彩管理】面板主要包括色彩空间&转换、查找表、广播安全、生成柔化裁切 LUT 等选项组，
如图 2-5 所示。

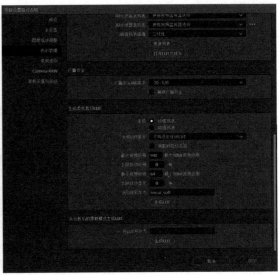

图 2-5

下面解释一下色彩空间、LUT（查找表）和广播安全的概念。

(1) 色彩空间

色彩空间，又称为色域 (Color Gamut)，是指影像设备所能表达的颜色数量构成的范围区域，即各种胶片、数字摄影机和不同的放映设备、显示设备所能表现的颜色范围。比如，彩色显示器都是基于红色、绿色、蓝色三原色成像的，所有的色彩都由三原色合成所得，因为没有办法表达出可见光的所有颜色，所以显示出来的颜色与真实颜色之间存在一些差异，色域值代表了显示器所能呈现的色彩范围，一般的显示器会小于 72%，超过这个值的我们称为广域色，专门用于图像处理的要配备广域色的显示器，才能反映出真实的色彩。

色域范围也可以简单地理解为一种色彩的明暗、饱和度及色相的表现范围。在现实世界中，可见光谱的颜色组成了最大的色域空间，该色域空间包含了人眼所能见到的所有颜色。为了能够直观地表示色域这一概念，国际照明协会 (CIE) 制定了 CIE-xy 色度图作为描述色域的方法。在这个坐标系中，各种显示设备能表现的色域范围用 RGB 三点连线组成的三角形区域来表示，三角形的面积越大，表示这种显示设备的色域范围越大，如图 2-6 所示。

简单地理解，色域越宽，色彩越丰富，色彩也就越艳丽，效果也越突出，最终可以获得更加接近人眼、更加真实的色彩。

色域不同，表述颜色的方式也存在巨大差异。现在记录颜色的算法有 HDTV 采用的 Rec.709、阿莱数字摄影机 Log-C、Canon 数字摄影机 C-Log、Sony 数字摄影机 S-Log。如果都采用相同

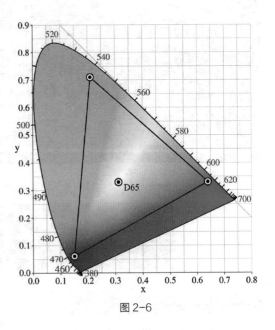

图 2-6

的算法，使用匹配的监视器，而且节目的投放也是相同色域的设备，就没有必要介入色域管理流程。实际上在大多数情况下，记录设备和显示设备的色域并不相同，所以在调色实践中就要应用 DaVinci Resolve 14 中比较完备的色彩管理流程，使用 LUT 来统一不同的色彩空间。

(2) LUT(查找表)

LUT(查找表) 是 Look Up Table 的缩写，实际上就是像素灰度值的映射表，它将实际采样到的像素灰度值经过一定的变换如阈值、反转、二值化、对比度调整、线性变换等，变成另外一个与之对应的灰度值，这样可以起到突出图像的有用信息、增强图像的光对比度的作用。目前视频领域常见的几种 LUT 有：一是数字摄影机厂提供的 LUT；二是调色软件内嵌的 LUT；三是第三方 LUT 预设。

针对不同的数字摄影机拍摄的素材，可应用不同的 LUT 精确地还原前期拍摄的场景。如果数字摄影机的色域和监看设备的色域不匹配，就会造成色域还原误差，如图 2-7 所示。

图 2-7

如果用广播级的高清电视监视器，符合 Rec.709 规范的图像是不必使用 LUT 的。Rec.709 是 The International Telecommunication Union's ITU-R Recommendation BT.709 的简称，是符合传统电视制作流程标准的一种输出格式（色域空间的模式），作为显示图像的视频监视器的国际标准，所以监看 Rec.709 模式的图像用不到 LUT。另外，Rec.709 的图像可以被大部分的高清视频后期软件轻易处理，故计算机显示器的显示也是大致准确的。

用其他色域模式记录的图像则需要加载 LUT，例如，用 Arri Alexa Log-C 模式拍摄的图像需要加载特定的 LUT 映射到 Rec.709，才能在高清电视监视器上正常观看画面效果，如图 2-8 所示。

图 2-8

前期拍摄中数字摄影机往往要应用特殊的曝光对数曲线 (Log)，像前面提到的阿莱数字摄影机 Log-C、Canon 数字摄影机 C-Log、Sony 数字摄影机 S-Log，还有 RED R3D 媒体的 RED FilmLog 设置等，都是曝光对数曲线的应用。早期的数字摄影机由于宽容度远远低于胶片，记录动态方位细节的能力非常有限，而采用这些曲线能弥补数字产品的先天不足，能够最大限度地保护图像中高光和阴影部分的细节，像 Blackmagic Design Camera 的动态范围在 Log 的帮助下能够记录 13 级（光圈）的明暗变化，接近胶片最大 14 级的宽容度，已经开始超越一般的胶片。但是不通过 LUT 映射和后期处理，图像的动态范围会被压缩在很窄的空间，图像给人的直接感受是发灰，也就是 DaVinci Resolve 14 中所谓的 Flat(平的) 和 Unsuitable(不适合使用)。用 Log 模式拍摄的素材的曝光和色彩必须调整为 Linear(线性)

以显示其本来的面貌，在开始调色之前，调色师需要手动调整其中的映射关系，用一种匹配的 LUT 来处理素材。

如果前期拍摄的素材色域设置统一，在项目设置中给整个时间线应用适合的 LUT 是比较高效的方法，如图 2-9 所示。

图 2-9

(3) 广播安全

安全色是电视广播显示领域的一个专业技术标准概念，它规定了用于电视广告显示标准的色阶范围，把符合电视广播显示标准色阶范围的颜色定义为安全色。其实，安全色是基于 CRT 传统电视机和标清电视广播显示系统的一个技术标准，这是历史上的昨天和今天还未淘汰的复合同步视频信号传输显示系统中必需的。为了定量化分析安全色，专业技术人员引进了 IRE 概念。

IRE 是一个在复合同步视频信号中使用的测量单位，它是以创造这个词汇的组织——"无线电工程师学会"来命名的。IRE 把视频信号的有效部分——视频安全黑色（黑电平）到视频安全白色（白电平）之间平分成 100 份，定义为 100 个 IRE 单位，即 0 ~ 100 IRE。根据 IRE 定义，NTSC 制电视的安全色，从黑色到白色的色阶范围被量化限定在 7.5 ~ 100 IRE 之间；PAL 制电视的安全色，从黑色到白色的色阶范围被量化限定在 0 ~ 100 IRE 之间。

专业的编辑系统都会监视 IRE 超标的情况。毕竟，电视广播播出级的视频要求要适应到千家万户。广播级的视频编辑、发行有严格的规定，必须在正常信号之前录制几秒的标准彩条信号及 1kHz 音频信号，用于使设备检测相位的正确性，使其同步及协调。目前，制作播出的视频影像，包括素材、字幕、特技等，还应遵循 NTSC 或 PAL 的 IRE 规定，若以 RGB 值为参考最好限制在 16 ~ 235 之内，即控制在 0 ~ 100 IRE 范围内。按照视频安全色标准拍摄制作的视频，可以保证在 CRT 电视机上显示正常的颜色。但在计算机显示器上，100 IRE 不是很白，0 IRE 也不是很黑，整个画面感觉发灰，而在 CRT 电视机上显示正常。因此，用计算机显示器来监视显示用于电视机显示的视频画面时，要把画面的 RGB 值控制在 16 ～ 235 的范围，让画面的直观感觉偏灰一点。否则，在计算机显示器上看着正常的视频画面，在电视机上显示就会出现画面过亮和过黑的情况，影响电视画面层次的再现。所以，拍摄制作视频作品一定要明确最终的显示媒体。

在 DaVinci Resolve 14 的【色彩管理】面板中也包含【广播安全】选项组，用户可根据制作的影片是否为广播电视服务进行选择，如图 2-10 所示。

图 2-10

③ Camera RAW 设置

RAW 的意思是"未加工的""原始的"。RAW 可以理解为 CMOS 或者 CCD 感光单元将捕捉到的光源信号转化为数字信号的原始数据，RAW 素材在行业中也被称为"数码底片"。如果要通过显示器正常查看其图像内容，必须经过反拜耳(Debayer)或者反镶嵌(Demosaicked)处理。

在 DaVinci Resolve 14 的【项目设置】对话框中，Camera RAW 面板包含了多种预设，可根据使用的素材进行选择，如图 2-11 所示。

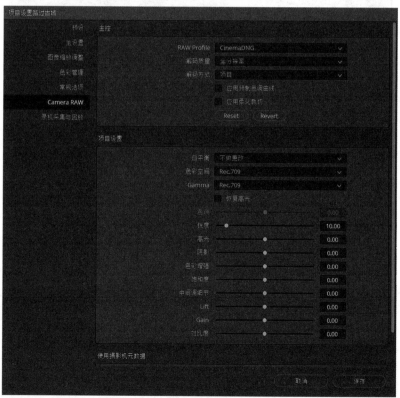

图 2-11

DaVinci Resolve 支持 Arri Alexa、RED、Sony、CinemaDNG、Phantom Cine 的 RAW 格式，在【项目设置】对话框中选择 RAW Profile 选项，主要是为了在调色开始前确定如何使用拍摄时摄影机提供的参数，还是应用 DaVinci Resolve 改写这些数据作为调色工作的起点。当选择不同的 RAW Profile 选项时，选项组的内容也会有很大的区别。

在【调色】工作界面中针对 RAW 素材可以应用项目设置的解码质量和方式，也可以对个别片段重新进行设置，为后面的一二级调色奠定更好的基础，如图 2-12 所示。

图 2-12

4 预设

在【预设】面板中可以存储经常使用的项目设置，然后选择和加载预设，这样就可以节约一些重新设置项目的时间，但是一定要考虑到素材的不统一可能带来的问题，如图 2-13 所示。

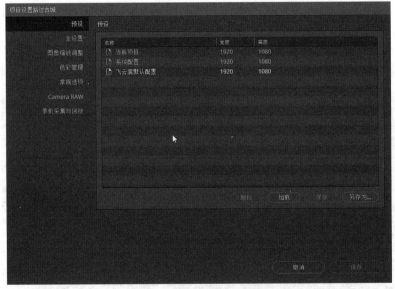

图 2-13

2.2 导入和组织素材

导入和组织素材的工作主要是在【媒体】工作界面中进行。DaVinci Resolve 14 延续了主流非线性编辑软件的基本思路和框架，在左上角的【媒体存储】工作区可以快速浏览计算机系统的资源管理器，查找硬盘地址和各层级目录，然后选择需要的视音频文件，并且可以在缩略图上拖动查看或在监视器中浏览素材的内容，这样方便更精准高效地选择适合的素材。对于频繁使用的素材文件夹或已经整理在一起的某个项目要使用的素材文件夹可以通过偏好设置添加到【媒体存储位置】列表中，这样的文件夹就会出现在【媒体存储】工作区中，从而大大提高查找和选择素材的效率，如图 2-14 所示。

图 2-14

如果很明确要使用素材所在的文件夹，可以在【媒体存储】对话框中取消勾选【自动显示本地存储与网络存储位置】复选框，如图 2-15 所示。

图 2-15

素材的显示可以是缩略图方式，也可以是文件列表的方式，单击【切换】按钮 即可，如图 2-16 所示。

图 2-16

单击【搜索】按钮 ，可以通过输入素材的名称快速查找并选择素材，如图 2-17 所示。

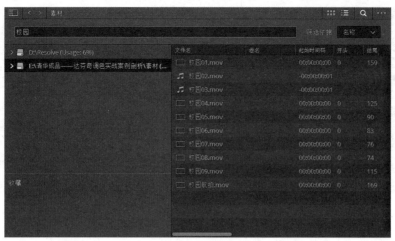

图 2-17

在素材缩略图模式下，拖动顶部的滑块 ▬▬▬●▬▬▬ 可以放大或缩小缩略图的显示，当鼠标位于素材缩略图的上方，拖动鼠标可以通过缩略图浏览素材的内容，同时在监视器中同步显示素材内容，如图 2-18 所示。

图 2-18

单击素材缩略图即选择了该素材，在监视器中可以通过底部的播放控制器查看内容，如图 2-19所示。

当在监视器中预览素材内容时，可以设置入点和出点，然后将素材的可用部分添加到媒体池中，如图 2-20 所示。

图 2-19

图 2-20

图 2-20(续)

在媒体池的顶部也有一些按钮，比如，调整素材的显示方式、搜索素材、调整缩略图大小、分屏显示等，如图 2-21 所示。

图 2-21

在媒体池中可以创建媒体夹，按照自己的习惯或文件类型将素材进行归类，这样也能方便选择和浏览，如图 2-22 所示。

图 2-22

凡是计划在影片中使用的所有素材都要导入媒体池中，然后在后面的编辑工作中调用，再进一步进行调色。除了上面讲述的从媒体存储工作区导入素材外，还可以根据不同的工作流程用不同的方式导入素材，有直接导入、EDL 导入和 XML 导入 3 种主要方式。比如，在【文件】菜单下就可以选择相应的方式，或使用相应的快捷键，如图 2-23 所示。

图 2-23

2.3 导入剪辑项目

　　能够导入其他非编软件制作完成的项目，是多平台与达芬奇共同完成后期协作的常用方式。虽然达芬奇的高版本已经具备了很强大的剪辑功能，但还是会经常和来自其他工作室的剪辑师一同合作，可能他们更习惯使用 Final Cut Pro 人、Media Composer、Premiere Pro CC 等常用的剪辑软件。当完成了剪辑工作，就可以将剪辑项目 EDL 和 人ML 文件导入 DaVinci Resolve 14 中，同时导入了素材和素材的组接方式。

　　下面来看一段 Premiere Pro CC 2015 粗剪的一段影片的时间线，然后导出 Final Cut Pro 人ML 文件，如图 2-24 所示。

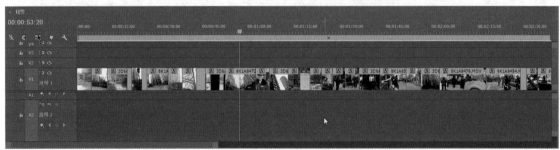

图 2-24

　　① 在 DaVinci Resolve 14 中创建一个新的项目，然后选择主菜单【文件】|【导入 AAF/EDL/人ML】命令，选择并打开刚刚由 Premiere Pro CC 2015 导出的 人ML 文件，弹出【加载 人ML】对话框，如图 2-25 所示。

　　② 单击OK按钮，导入素材和时间线，如图2-26所示。

　　③ 所有的素材都放置在媒体池中，与原来 Premiere Pro CC 2015 项目窗口中组织素材的方式不同就在于没有分门别类的文件夹，如图 2-27 所示。

　　一旦在 DaVinci Resolve 14 中完成了时间线的铺设，调色师完全可以在最终剪辑出来之前就开始调色，然而在影视后期制作的过程中调整镜头顺序甚至更换素材，这都是经常的事，但 DaVinci Resolve 14 有着对剪辑系统很好的兼容能力，它可以根据每次对剪辑做出的改变自动更新时间线。这样调

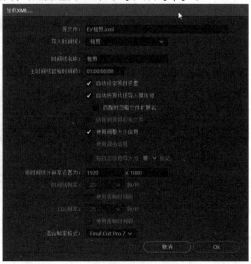

图 2-25

色师就不再需要每次做出更改后都重新创建项目了。

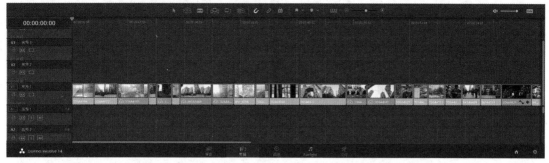

图 2-26

达芬奇媒体池

Premiere 项目窗口

图 2-27

　　如果已经很熟悉 Final Cut Pro 人、Media Composer、Premiere Pro CC 的快捷键，可以在 DaVinci Resolve 14 中快速地开展剪辑和调色工作，因为在 DaVinci Resolve 14 偏好设置的【用户】选项卡中可以根据自己的习惯来选择键盘映射，或者自己进行定制，如图 2-28 所示。

图 2-28

2.4 套底回批

套底回批是 DaVinci Resolve 14 的经典流程，在实际工作中剪辑师会使用不同的平台，也会使用多种多样的剪辑软件，例如，Final Cut Pro X、Media Composer、Premiere Pro CC、Smoke 及 Edius 等，针对不同的软件套底流程也有所不同，但套底的原理却是相通的。

套底回批到底是什么意思呢？简单地说，套底是指通过降低原素材指标以流畅完成剪辑工作，然后在调色软件中导入原始高质量素材完成调色工作；回批是指通过调色以后，由调色软件输出 XML 或者 EDL 等中间链接文件重新导入剪辑软件中做进一步的精剪工作或进行输出操作。用于 DaVinci Resolve 14 和各后期编辑软件之间往返交换数据的文件称为剪辑表，常用的有 XML、AAF 和 EDL 3 种文件。XML 的应用范围较广，适用于 Final Cut Pro、Premiere Pro CC 和 Smoke 等剪辑软件。由于 Final Cut Pro X 的出现，XML 又增添了 FcpXML。AAF 文件使用于 Media Composer 和 Premiere Pro CC 等剪辑软件。EDL 支持的范围比较广，甚至比较老的剪辑系统都可以支持 EDL 文件。另外，XML 和 AAF 套底支持多轨道并且支持片段的非均匀变速，而 EDL 只能支持单轨道和均匀变速。AAF 主要针对 Avid 平台，虽然 EDL 支持较多的平台，但性能不够强大，所以使用 XML 套底是大多数情况下首选的方式。

在胶片拍摄电影的时代，底片也称为"原底"，在原底上呈现的是负像，用原底剪辑不容易看到色彩并且极不安全，最常用的办法就是把原底洗印成正片之后再剪辑成工作样片，然后再套底片完成底片的剪辑，这个过程叫作"套底"。当底片剪辑完成后，配光师就会对影片进行细致的调色处理，配光完成后经过一系列的工作就可以复制发行。而到了数字时代，随着拍摄设备的不断升级换代，越来越多的机器不再限于拍摄经过压缩的视频，而 RAW 格式的素材逐渐占据影视领域，由于其数据量巨大，对计算机性能的要求和工作量都是极大的考验，所以科学规范的工作流程应该是剪辑代理文件，然后再套 RAW 文件。当然，在实际工作中并不是每个项目都全部使用 RAW 文件，多种混合格式的剪辑流程就给套底带来一些挑战，因此掌握混合格式的套底流程是重中之重。

下面简单讲解一下 DaVinci Resolve 14 输出低质量的代理视频，然后在 Premiere Pro CC 中完成剪辑、变速、转场和添加轨道效果等，输出 XML 文件再进入 DaVinci Resolve 14 替换高质量的素材进行调色处理。替换后首先要保证剪辑点的一致性，并且保留之前在剪辑软件中执行的转场、变速、特效及多轨道合成等效果，这样才能保证最终返回剪辑软件时不丢失时间点和效果。

1 首先在 DaVinci Resolve 14 中创建新的项目，如图 2-29 所示。

图 2-29

2 进行【时间线格式】和【视频监看】选项组的设置，如图 2-30 所示。

3 在【常规选项】选项栏中设置【套底选项】，如图 2-31 所示。

4 在媒体池中创建一个 Source 媒体夹，将需要的素材添加其中，如图 2-32 所示。

5 进入【剪辑】工作界面，选择 Source 媒体夹中全部的素材，创建时间线，全部素材添加到时间线上，如图 2-33 所示。

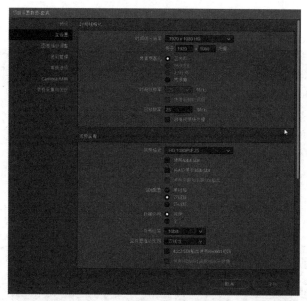

图 2-30

图 2-31

图 2-32

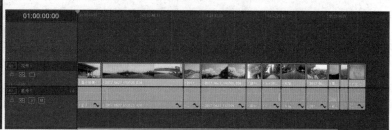

图 2-33

6 单击底部的【交付】按钮，进入【交付】工作界面，设置输出文件的目标位置及导出视频的编解码和分辨率，并添加到渲染队列中，如图 2-34 所示。

图 2-34

7 开始渲染直到转码完成后，打开 Premiere 软件创建项目，注意设置帧率要与 DaVinci Resolve 14 项目一致。导入 XML 文件，同时导入素材和时间线，如图 2-35 所示。

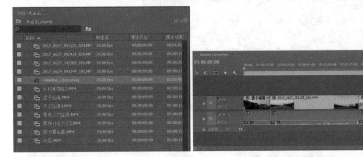

图 2-35

8 重新对时间线进行编辑，添加转场、改变片段速度等，如图 2-36 所示。

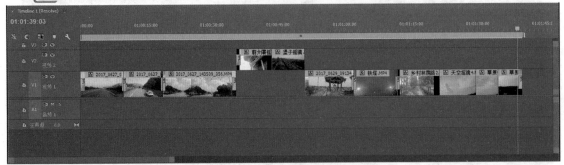

图 2-36

9 导出 Final Cut Pro XML 文件，自动命名为 Timeline 1(Resolve)。

10 重新进入 DaVinci Resolve 14，导入 XML 文件 Timeline 1(Resolve)，弹出【加载 XML】对话框，直接单击 OK 按钮，如图 2-37 所示。

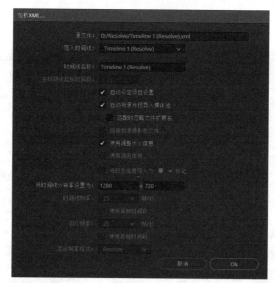

图 2-37

11 在媒体池中导入了素材和时间线，如图 2-38 所示。

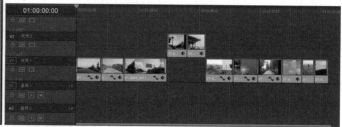

图 2-38

12 可以检查时间线上的素材的元数据，如图 2-39 所示。

元数据　　　　　　　　　　　　时间线　•••　≑

V1-0004_2017_0627_143509_056.mov
D:\Resolve

　00:00:35:05　　30.000　　48000　　1

　1280 x 720　　MPEG4 Video

片段详情

起始时间码	00:00:00:00
结束时间码	00:00:35:05
起始帧	0
结束帧	1054
帧	1055
位深	8
音频位深	16
数据级别	Auto
音频通道	1
修改日期	

图 2-39

13 选择主菜单【文件】|【项目设置】命令，查看【时间线格式】选项已经发生了改变，而不是创建项目时设置的 1920×1080 HD，显然这是不对的，如图 2-40 所示。

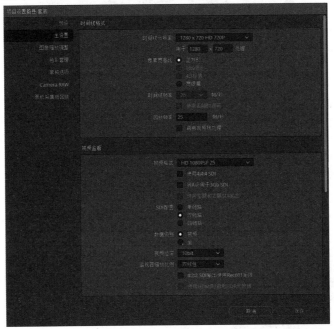

图 2-40

14 按快捷键【Ctrl+Z】撤销上一步操作，并在【项目设置】对话框中重新设置时间线格式为 1920×1080 HD，再一次导入 XML 文件，在【加载 XML】对话框中取消勾选【自动设定项目设置】和【自动将源片段导入媒体池】复选框，如图 2-41 所示。

15 单击 OK 按钮，在弹出的【文件夹】对话框中选择高质量素材存放的媒体夹，如图 2-42 所示。

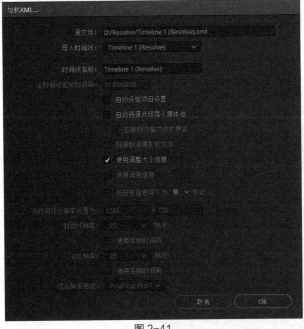

图 2-41

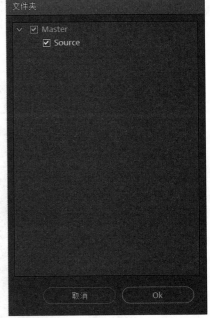

图 2-42

16 单击 OK 按钮，导入时间线，而不会导入低质量的素材，如图 2-43 所示。

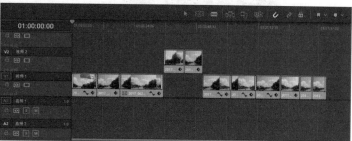

图 2-43

17 可以检查时间线上的素材的元数据，如图 2-44 所示。

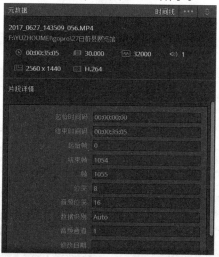

图 2-44

这样就完成了低质量代理素材的快速剪辑，而在 DaVinci Resolve 14 中套底了高质量的源素材，下面就可以进入调色工作环节了。

2.5 场景侦测

在实际工作中，如果调色师拿到的素材都是单独的镜头和 XML 文件，导入时间线之后就可以针对每一个镜头进行调色工作，但有时候客户提供的是一段完整的片子，就需要把片子剪成单个镜头之后再进行独立调色，DaVinci Resolve 14 中的【场景剪切探测】就是解决此类问题的强有力工具，能够节省大量重新裁剪的时间。

1 在媒体工作区中，导入一段由多镜头组成的影片"金色麦田 .mov"到素材库中，双击该素材缩略图，在监视器中查看内容，共包含 4 个镜头。

2 右击该素材的缩略图，在弹出的快捷菜单中选择【场景剪切探测】命令，如图 2-45 所示。

3 弹出【场景探测】面板，如图 2-46 所示。

图 2-45

图 2-46

4 单击底部的【自动场景探测】按钮，执行场景探测和裁切片段，如图 2-47 所示。

图 2-47

5 单击右下角的【将剪切的片段添加到媒体池】按钮，即可将影片中的 4 个片段添加到媒体池中，如图 2-48 所示。

图 2-48

2.6 本章小结

　　本章主要讲述了【项目设置】对话框中必要参数的设置，讲解了导入和管理素材的方法、剪辑项目的导入和套底回批的流程，最后还讲述了长篇幅素材的场景侦测和剪辑点修整的方法。

第 3 章

 视音频编辑

　　DaVinci Resolve 14 大大提升了剪辑功能，无论是对视音频素材进行选段和添加到时间线，还是在时间线中对片段进行控制和剪辑工作都十分方便快捷，所以在 DaVinci Resolve 14 中完全可以从选择素材到剪辑直到校色输出，顺利执行一个完整的后期项目流程，真正实现一体化。

　　下面从认识和了解 DaVinci Resolve 14 的剪辑工作界面开始，再讲解剪辑工具的使用及三点编辑与四点编辑的方法，然后讲述如何添加转场特技和编辑字幕，最后详细讲解素材变速的多种技巧。

3.1 剪辑工作界面

选择需要的素材到媒体池中，单击底部的【剪辑】按钮切换到【剪辑】工作界面，即可新建时间线、设置素材的出入点、添加素材到时间线，以及添加字幕和转场特效、改变素材的速度等。下面先介绍【剪辑】工作界面的各个面板，如图 3-1 所示。

图 3-1

在【剪辑】工作界面的左上角是【媒体池】、【特效库】、【编辑索引】选项卡，可以通过单击相应的按钮进行切换，如图 3-2 所示。

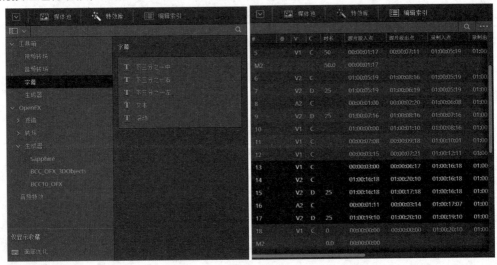

图 3-2

特效库中包含【工具箱】、OpenF人和【音频特效】3 个组。其中工具箱包含视频转场、音频转场、字幕及生成器等特效。OpenF人中包含多种滤镜和特效插件。

【编辑索引】罗列了时间线上所用素材的名称、源片段入点、源片段出点、长度、录制入点及录制出点等信息，当前时间线所在的片段会高亮显示。

右上角有【调音台】、【元数据】、【检查器】切换按钮，可以激活显示相应的面板，如图 3-3 所示。

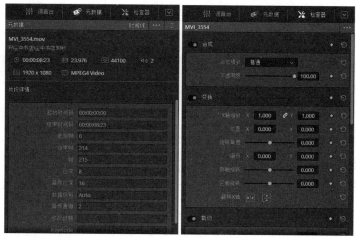

图 3-3

此处的【元数据】与【媒体】工作界面的元数据显示信息相同，主要是当前选择素材所在的硬盘位置、分辨率、格式、长度及音频信息。

【检查器】用来调整当前选择片段的合成方式、不透明度、变换参数、裁切、重调时间缩放及镜头校正等。

两个预览窗口为素材预览和时间线预览窗口，也可以切换为单窗口显示，当激活【元数据】或【检查器】时自动切换为单窗口显示。

在预览窗口底部除了有作为后期编辑司空见惯的播放控制、设置入点和出点等按钮外，还有一个匹配帧按钮，可以将时间线上的画面与源素材进行相同帧的搜索和比较，如图 3-4 所示。

图 3-4

在预览窗口的右上角设有快捷键按钮，比如，选择其中的【检视器】选项，在拖动时间线预览窗口的当前指针的同时素材预览窗口也会同步播放，如图 3-5 所示。

图 3-5

在【剪辑】工作界面的下部是时间线窗口，也是组织素材的区域，如图 3-6 所示。

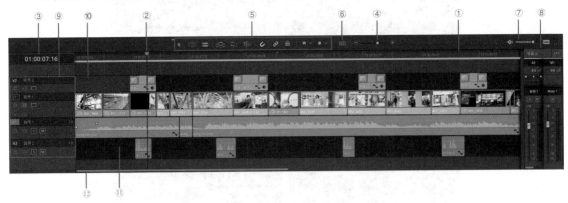

图 3-6

① 时间线标尺：显示节目的时间码和当前指针指示当前片段的当前帧。当前指针所在的片段将是调色工作界面中选择的片段。当添加标记时标记会出现在时间线标尺上。

② 当前指针：自动同步节目监视器底部的控制滑块、【调色】工作界面的时间线和缩略图时间线的指针，当然也会在编辑索引列表中自动高亮相应的片段。

③ 当前时码：当前播放指针对应的时间位置。

④ 时间线视图缩放：控制时间线视图显示比例，可以拖动滑块，也可以单击两端的加减号。

⑤ 时间线工具组：包含典型的剪辑工具，比如修剪模式、插入、覆盖、替换、吸附和链接选项等。

⑥ 时间线显示选项按钮：单击该按钮，弹出【时间线显示选项】对话框，可以选择片段显示方式（全帧＋名称、首帧＋名称或者色条＋名称），也可以调整轨道的高度，如图 3-7 所示。

图 3-7

⑦ 监听音量控制：左右拖动滑块可以调整监听音量大小，也可以单击小喇叭图标直接关闭监听。

⑧ 调音台：调整各音轨和主音轨的音量及左右平衡。单击右上角的【调音台】按钮可以打开或关闭。

⑨ 轨道标题栏：包含多个不同的选择控制项，例如，锁定／解锁、激活轨道／禁用轨道等，每个轨道标题栏会显示该轨道上有多少片段等信息。

⑩ 视频轨道区：支持多个视频轨道，每个轨道上可以放置多个视频素材。

⑪ 音频轨道区：支持多个音频轨道，每个轨道上可以放置多个音频素材。

⑫ 时间线视图滑块：拖动滑块可以左右移动时间线视图，方便查找和对个别片段进行操作。

在时间线窗口中可以添加和删除轨道，调整轨道的高度、视频轨道与音频轨道的分布比例，也可以调整时间线显示比例，如图 3-8 所示。

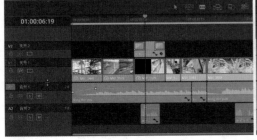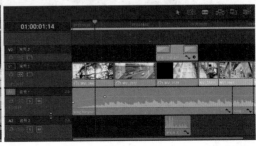

图 3-8

拖动底部的滑块可以移动时间线的位置，也可以按住鼠标中键在时间线窗口中左右拖动，如图 3-9 所示。

图 3-9

下面介绍轨道标题栏中一些按钮的功能，如图 3-10 所示。

① 轨道名称：每个轨道都有一个名字，默认为轨道类型和轨道序号，如视频 1、音频 1。可以单击任何轨道的名称进行编辑，比如，可以用素材类型或工作要求来命名轨道，例如 "外景" "室内镜头组" "背景音乐" "男主配音" 等。

② 轨道颜色：在轨道标题的最左侧显示色块，轨道的颜色是可以选择和改变的。

③ 轨道目标选择：当通过素材预览窗口插入或覆盖片段到时间线时指定轨道，如图 3-11 所示。

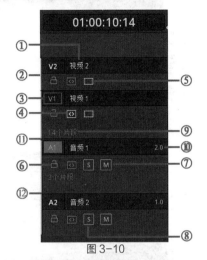

图 3-10

图 3-11

 提示　如果从窗口拖动素材到时间线，那么在哪个轨道释放素材就会将其放置于哪个轨道，如图 3-12 所示。

图 3-12

④ 自动选择轨道：如果该轨道处于自动选择状态，添加片段到其他轨道时会影响该轨道上的素材位置，有点类似轨道同步，如图 3-13 所示。

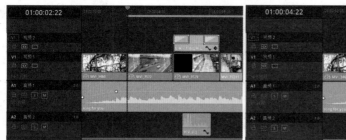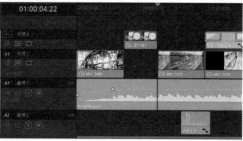

图 3-13

 提示 当音频和镜头匹配完成时，无论在哪个轨道添加或删除片段，都要注意这个按钮，否则就会乱套。

在时间线上复制并粘贴片段时，可以控制粘贴片段的轨道。比如，复制【视频 2】轨道中的字幕，在只激活本轨道的自动选择按钮时粘贴，只在本轨道上添加了片段，如图 3-14 所示。

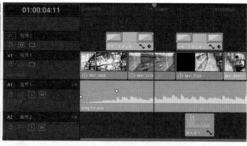

图 3-14

如果激活【视频 1】轨道的自动选择按钮进行粘贴，该片段将覆盖到【视频 1】轨道中，如图 3-15 所示。

如果【视频 1】和【视频 2】轨道上的自动选择按钮都不激活，粘贴的字幕就会添加到新的【视频 3】轨道上，如图 3-16 所示。

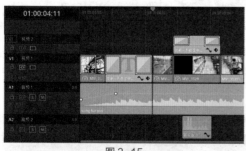

图 3-15　　　　　　　　　　　　　　　图 3-16

⑤ 启用 / 禁用视频轨道：控制该轨道上的画面是否在最后的节目中显示。

⑥ 锁定轨道：锁定的轨道不能进行操作。

⑦ 音轨静音：该轨道中的音频内容不参与节目。

⑧ 音轨独奏：只有该轨道中的音频内容参与节目，不激活独奏按钮的音频轨道相当于静音。

⑨ 包含片段数量：显示该轨道中包含片段的数量。

⑩ 音轨类型：显示该音频轨道是单声道、立体声，还是 5.1 环绕等类型。

⑪ 音视频轨道分界线：上下拖动该分界线可以调整视频轨道和音频轨道分布的比例，如

图 3-17 所示。

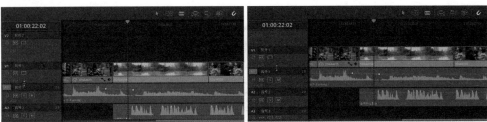

图 3-17

⑫ 轨道高度线：上下拖动轨道高度线可以调整轨道的高度，如图 3-18 所示。

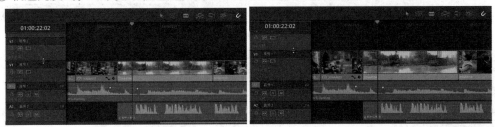

图 3-18

3.2　剪辑工具操作

在时间线中组织片段，或者在精剪时修整片段的出入点，或者调整片段之间的相对位置，这时候会经常用到剪辑工具。在时间线的顶端有一系列的工具和选项，激活不同的工具模式可以执行不同的功能，如图 3-19 所示。

图 3-19

① 选择模式：默认模式，可以对时间线上的片段移动位置或调整长度、执行滚动编辑或其他的基本编辑任务，如图 3-20 所示。

移动片段位置

执行滚动编辑

图 3-20

② 修剪编辑模式：在该模式下，通过拖动时间线中片段的不同部分可以执行内滑动、外滑动、滚动和波浪编辑，如图 3-21 所示。

内滑动编辑

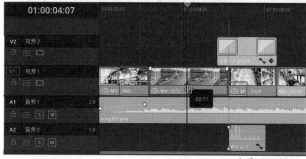

外滑动编辑

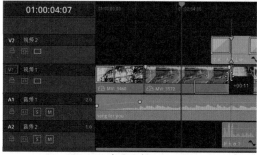

滚动编辑   波浪编辑

图 3-21

③ 刀片编辑模式：单击片段可以将片段分割，如图 3-22 所示。

图 3-22

提示：按快捷键【Ctrl+B】可以在当前指针位置分割片段，通过是否激活【自动选择】按钮 回 可以控制分割哪个轨道上的片段。

④ 插入片段：将素材预览窗口中的片段插入时间线中，起点会对齐时间线的入点，如图 3-23 所示。

图 3-23

提示

图 3-23 中执行的是典型的三点编辑。

⑤覆盖片段：将素材预览窗口中的片段覆盖到时间线中，起点会对齐时间线的入点，如图 3-24 所示。

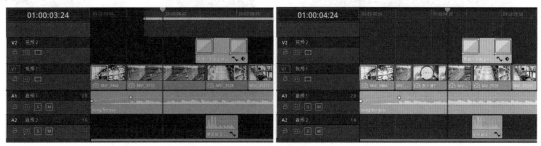

图 3-24

⑥替换片段：用素材预览窗口中的片段替换时间线上的片段，起点会对齐时间线的入点，如图 3-25 所示。

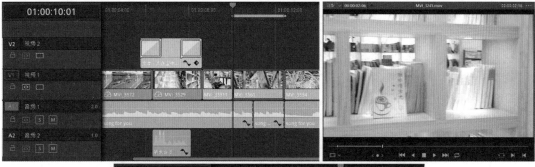

图 3-25

⑦ 吸附：激活该按钮时，片段的入点、出点、标记点和当前指针可以相互吸附，方便编辑。

⑧ 视音频链接选项：激活该按钮时，当选择断开链接的视频和音频的其中一个，也会自动选择与其链接的另一个，比如，可以一起在时间线上移动位置。

⑨ 位置锁定：锁定所有轨道。

⑩ 旗标：标志识别和显示所有对应于在媒体剪辑库中同一项媒体的剪辑片段，一个媒体可以有多个标志。单击【旗标】按钮自动添加一个旗标，在时间线上双击旗标，可以填写备注和选择颜色，或者移除旗标，如图 3-26 所示。

图 3-26

⑪ 标记：标记识别片段的特定帧。单击【添加标记】按钮会在当前指针位置添加标记。在时间线上双击一个标记点，在弹出的对话框中可以添加备注、选择颜色或者移除标记点，如图 3-27 所示。

如果当前指针与标记点对齐，在时间线预览窗口中也可以查看标记信息，如图 3-28 所示。

图 3-27

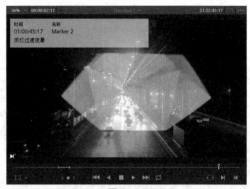

图 3-28

3.3 三点编辑与四点编辑

三点编辑或四点编辑的概念来自传统的对编辑流程，后来被非编软件引入。当将一堆素材经过剪辑在时间线上形成一部影片后，经过审片往往需要很多修改，比如，需要在时间线上插入或替换一段素材时，这就涉及 4 个点，即素材的入点、出点，在时间线上插入或覆盖的入点、出点。如果采取三点剪辑，那么就需要先确定其中的 3 个点，第四个点由软件计算得出，从而确定这段素材的长度和所处的位置，可以选择插入或覆盖的方式将新的素材放入时间线中；如果采取四点剪辑，那么就需要先确定全部 4 个点，将一段新的素材剪辑放入时间线中。

本节我们重点讲解不同形式的三点编辑与四点编辑，因为操作方式不同，有时可以达到相同的目标，而有时又差异特别大。

3.3.1 插入编辑与覆盖编辑

1 插入编辑

执行插入编辑，首先要确定插入片段的入点和出点，如图 3-29 所示。

在时间线上确定要插入素材的位置，比如，拖动当前指针到需要的位置；再如，字幕的后面，如图 3-30 所示。

单击时间线顶部的【插入片段】按钮，执行插入编辑，我们可以看到在原来的位置插入了一个新的片段，当前轨道上当前指针后面的片段都向后移动了，如图 3-31 所示。

图 3-29

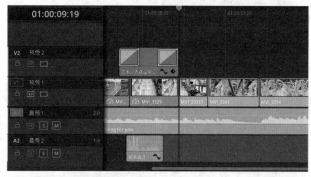

图 3-30

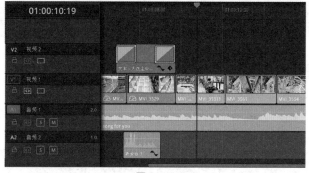

图 3-31

　　确定插入素材的起点，不仅可以按照当前指针的位置，也可以设置时间线的入点。为了与上面的插入方法进行比较，在字幕末端设置入点，当前指针放置于后面的一段，执行插入后新片段对齐的是入点位置，如图 3-32 所示。

图 3-32

提示   上面这两个操作都是典型的三点编辑。

下面看看四点编辑是怎样的效果。准备插入的片段是 1 秒长度，第一次设置时间线的入点与出点之间是 15 帧，执行插入编辑后，新插入的片段是 15 帧而不是 1 秒，如图 3-33 所示。

图 3-33

这一次准备插入的片段是 1 秒长度不变，再一次设置时间线的入点与出点之间是 1 秒 45 帧，执行插入编辑后，新插入的片段是 1 秒而不是 1 秒 45 帧，如图 3-34 所示。

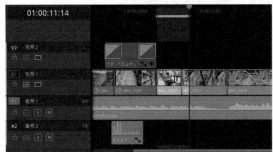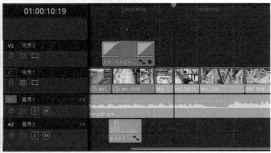

图 3-34

② 覆盖编辑

覆盖编辑与插入编辑不同，不会将编辑点之后的片段向后移动位置，而是会覆盖原来的素材。

还是用刚才准备的素材片段，时长为 1 秒，然后将当前指针放置于字幕的末端，单击时间线顶部的【覆盖片段】按钮，执行覆盖编辑，如图 3-35 所示。

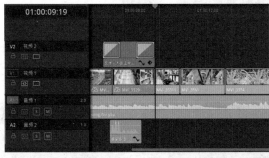

图 3-35

当然也可以用时间线的入点来确定覆盖片段的起点，四点编辑的覆盖方式的操作方法与插入编辑是相似的，只是新素材会覆盖原来的素材，这里不再赘述。

波纹覆盖是覆盖编辑的另一种形式。首先在时间线上设置入点和出点，如图 3-36 所示。

选择主菜单【编辑】|【波纹覆盖】命令，在【视频 1】轨道中覆盖素材，因为长度比时间线的入点和出点之间的长度短，后面的素材都向前移动，如图 3-37 所示。

图 3-36

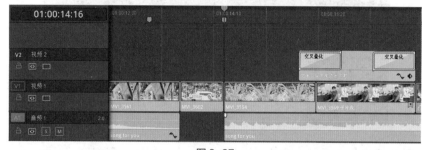

图 3-37

如果【视频 2】轨道的自动选择按钮不激活，则字幕的位置没有移动，如图 3-38 所示。

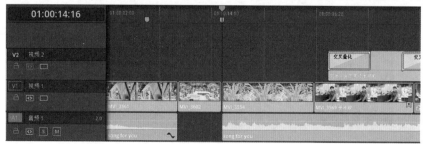

图 3-38

但对于音频轨道【音频 1】而言有所不同，如果不激活自动选择按钮，它的移动会取决于时间线上入点和出点的设置，如图 3-39 所示。

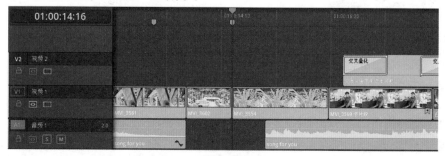

图 3-39

如果音频已经与时间线上的各个片段对应好，在插入或波纹覆盖时要注意激活自动选择按钮。

下面再介绍一种比较有特色的编辑方式——叠加，可以在当前指针所在时间线位置的上一轨道中添加新的片段。首先确定当前指针的位置，如图 3-40 所示。

图 3-40

选择主菜单【编辑】|【叠加】命令，会在【视频 2】轨道上添加新的片段，起点对齐刚才指针所在的位置，如图 3-41 所示。

图 3-41

这个方法类似于在选择的轨道上覆盖片段，但比较快捷，直接在当前指针的位置所对应的最顶层的轨道上面再添加一轨，并添加片段到其中。

3.3.2 替换编辑

替换编辑操作起来比较麻烦，有时候依赖当前指针对齐，也可以与入点对齐。

先来介绍第一种，确定当前指针的位置，如图 3-42 所示。

单击时间线顶部的【替换片段】按钮，执行替换编辑，新的片段替换当前指针所在的片段，如图 3-43 所示。

对比素材预览窗口和时间线预览窗口，发现画面是匹配的，如图 3-44 所示。

在素材预览窗口中向前拖动当前指针，再单击【替换片段】按钮，因为要替换的片段当前指针前面预留不多，所以只替换了时间线上当前片段中的一部分，如图 3-45 所示。

图 3-42

图 3-43

图 3-44

图 3-45

如果调整时间线当前指针的位置，同样执行替换片段也会出现不同的结果，但时间线的当前帧与源素材的当前帧是保持匹配的。

下面再看看三点/四点替换素材会出现怎样的效果。首先设置时间线的入点和出点，如图3-46所示。

图3-46

在素材预览窗口中确定当前指针的位置，单击【替换片段】按钮[图]，替换时间线上入点和出点之间的片段，同样保持帧匹配，如图3-47所示。

图3-47

如果在素材预览窗口中拖动当前指针到起点，单击【替换片段】按钮[图]，替换时间线上入点和出点之间的片段，同样保持帧匹配，如图3-48所示。

图3-48

如果在素材预览窗口中拖动当前指针到终点，单击【替换片段】按钮，替换时间线上入点和出点之间的片段，同样保持帧匹配，如图 3-49 所示。

图 3-49

如果将时间线的当前指针拖动到入点和出点的范围之外，如图 3-50 所示。

图 3-50

单击【替换片段】按钮，替换时间线上入点和出点之间的片段，如图 3-51 所示。

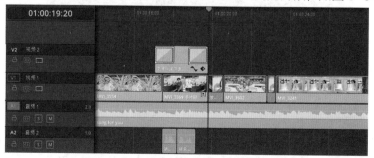

图 3-51

虽然此时在时间线预览窗口和素材预览窗口中没有发现是否帧匹配，单击预览窗口右上角的快捷菜单，选择【联动检视器】命令，然后拖动时间线的当前指针，直到出现新替换的素材，再对比两个窗口，依然是帧匹配的，如图 3-52 所示。

图 3-52

如果将时间线的当前指针拖动到入点和出点的范围之外比较远的位置，如图 3-53 所示。

图 3-53

单击【替换片段】按钮 ，弹出错误信息。其实就是因为要保持帧匹配，素材的长度不足以填充时间线上入点和出点之间的部分，如图 3-54 所示。

图 3-54

3.3.3 适配填充

在采取四点编辑时，准备添加的新素材在确定了入点和出点时也就确定了长度，而时间线也要确定入点和出点，从而确定长度，但这两个长度不一定完全相同，这就会出现究竟以哪个点为准添加素材，并重新确定素材的长度。

在时间线上设置入点和出点，长度为 2 秒 08 帧，在素材预览窗口中设置入点和出点，长度为 24 帧，如图 3-55 所示。

图 3-55

单击时间线顶部的【覆盖片段】按钮，新片段的起点与时间线的入点对齐，长度是源素材的长度，相当于时间线上的出点没有起作用，如图 3-56 所示。

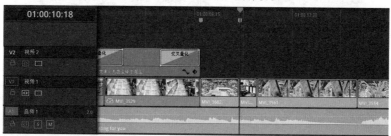

图 3-56

调整素材预览窗口的出点到素材的终点，这样入点和出点之间的长度为 2 秒 19 帧，在时间线上将当前指针拖动到出点位置，单击【覆盖片段】按钮，如图 3-57 所示。

图 3-57

新添加的片段长度与时间线上确定的长度一致，相当于源素材的出点没有起作用。

如果用确定了入点和出点的素材添加到时间线上，又恰好填充设置的入点和出点，就使用【适配填充】，通过改变素材的速度来满足长度。

依旧保持时间线的入点和出点不变，长度为 2 秒 08 帧，在素材预览窗口中调整出点，使长度变为 1 秒 14 帧，如图 3-58 所示。

图 3-58

选择主菜单【编辑】|【适配填充】命令，执行覆盖片段操作，如图 3-59 所示。

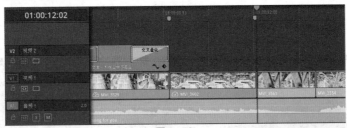

图 3-59

在新添加的片段上右击，在弹出的快捷菜单中选择【更改片段速度】命令，弹出【更改片段速度】对话框，如图 3-60 所示。

可以看出该片段变慢了速度，从而延长了时长，由原来的 1 秒 14 帧变为 2 秒 08 帧，这样入点和出点都对应了。这种操作方式在精剪时经常用到，既不会改变后面已经确定好的片段位置，又不会改变相邻片段已经确定的相邻帧。

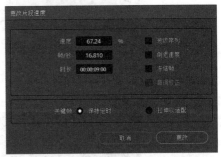

图 3-60

3.4 转场与字幕

当完成了在时间线上多个片段的组接，我们就需要检查场景或情节之间的平滑过渡，这就是所说的转场，转场分为无技巧转场和特技转场。

3.4.1 转场特效

影视后期的转场包括无技巧转场和特技转场。所谓无技巧转场就是通过镜头自然过渡来连接上下两段的内容，应用蒙太奇实现镜头或段落之间的转换。无技巧转场强调的是视觉的连续性，运用无技巧转场需要注意寻找合理的转换因素和适当的造型因素。常用的无技巧转场的方法主要有两极镜头转场、同景别转场、特写转场、声音转场、空镜头转场、封挡镜头转场、相似体转场、地点转场、运动镜头转场、同一主体转场、出画入画、主观镜头转场和逻辑因素转场等。

所谓的特技转场就是指两个场景（即两段素材）之间，采用一定的技巧如划像、叠变、卷页等实现场景或情节之间的转换，从而达到丰富画面、吸引观众的效果。

在 DaVinci Resolve 14 中提供了非常丰富的转场特技，还可以通过安装插件增加更多的转场特效，如图 3-61 所示。

图 3-61

虽然转场特效多种多样，让人眼花缭乱，其实常用的包括如下几种。

(1) 淡入淡出

淡出是指上一段落最后一个镜头的画面逐渐隐去直至黑场；淡入是指下一段落第一个镜头的画面逐渐显现直至正常的亮度。在实际编辑时，应根据影片的情节、情绪、节奏的要求来决定。有些影片中淡出与淡入之间还有一段黑场，给人一种间歇感。

(2) 缓淡 ——减慢

强调抒情、思索、回忆等情绪，可以放慢渐隐速度或添加黑场。

(3) 闪白 ——加快

掩盖镜头剪辑点的作用，增加视觉跳动。

(4) 划像（二维）

划像可分为划出与划入。前一画面从某一方向退出屏幕称为划出；下一个画面从某一方向进入屏幕称为划入。根据画面进出屏幕的方向不同，可分为横划、竖划、对角线划等。划像一般用于两个内容意义差别较大的段落转换时。

(5) 翻转（三维）

画面以屏幕中线为轴转动，前一段落为正面画面消失，而背面画面转到正面开始另一画面。翻转用于对比性或对照性较强的两个段落。

(6) 定格

将画面运动主体突然变为静止状态，一般用于片尾或较大段落的结尾。主要有三方面的作用：一是强调主体的形象和细节；二是可以制造悬念表达主观感受；三是强调视觉冲击力。

(7) 叠化

叠化是指前一个镜头的画面与后一个镜头的画面相叠加，前一个镜头的画面逐渐隐去，后一个镜头的画面逐渐显现的效果。在影视后期编辑中叠化主要有以下几种功能：一是用于时间的转换，表示时间的消逝；二是用于空间的转换，表示空间已发生变化；三是用叠化表现梦境、想象或回忆等插叙、倒叙场合。

(8) 多画屏分割

通过多画屏分割的有机运用来产生空间并列对比的艺术效果，深化内涵。

在 DaVinci Resolve 14 中添加转场很方便，只需将转场特效拖动到片段的两端或两个片段的交接处，如图 3-62 所示。

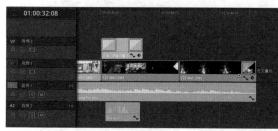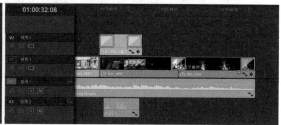

图 3-62

在时间线上双击转场特技，可以在【检查器】面板中查看并调整参数，如图 3-63 所示。

如果需要调整转场的时长，不仅可以在【检查器】面板中修改时长，也可以直接在时间线上拖动转场的两端，即可改变长度，如图 3-64 所示。

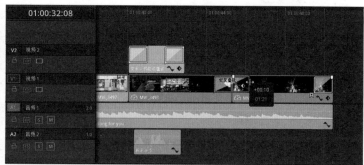

图 3-63   图 3-64

3.4.2 字幕特技

字幕是指以文字形式显示电视、电影、舞台作品中的对话等非影像内容，也泛指影视作品后期加工的文字。在电影银幕或电视屏幕出现的解说文字及其他种种文字，如影片的片名、演职员表、唱词、对白、说明词及人物介绍、地名和年代等都被称为字幕。一般影视作品的对话字幕都在屏幕下方，而 MV 或广告作品的字幕则比较灵活，考虑更多的是艺术效果。

DaVinci Resolve 14 的字幕工具在特效库的工具箱中，如图 3-65 所示。

添加字幕也十分简单，只需从工具箱中拖动到时间线上，如图 3-66 所示。

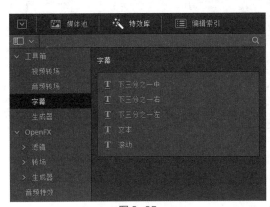

图 3-65　　　　　　　　　　　　　图 3-66

在时间线上选择字幕，在【检查器】面板中输入字符和调整字符属性，如图 3-67 所示。

图 3-67

在时间线检视器中查看字幕效果，如图 3-68 所示。

图 3-68

在【检查器】面板中设置阴影参数，如图 3-69 所示。

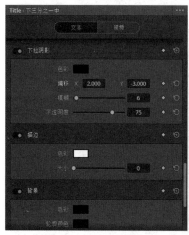

图 3-69

刚才的字幕是多信息字幕，可以分别调整位置参数。如果要整体调整字幕的位置，在【检查器】面板中打开【视频】选项卡，调整位置参数，为了方便起见，选择主菜单【显示】|【安全区】|【启动】命令，显示安全框，如图 3-70 所示。

图 3-70

字幕和其他的素材片段一样，可以添加关键帧，创建透明度、位置、旋转及特效的动画。比如，为字幕创建一个淡入淡出动画，分别在起点和终点设置不透明度关键帧数值为 0，分别在距离首尾各 1 秒位置添加关键帧数值均为 100%，如图 3-71 所示。

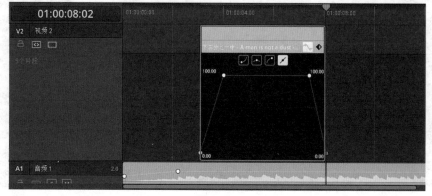

图 3-71

提示 字幕的淡入淡出效果还可以通过直接在首尾端各添加一个【交叉叠化】转场特效来实现，如图 3-72 所示。

滚动字幕也是影片中常用的文字信息方式，尤其是在片尾。从工具箱的【字幕】组中拖动【滚动】到时间线上，创建一个滚动字幕，在【检查器】面板中输入字符并设置字符属性，如图 3-73 所示。

图 3-72

图 3-73

打开【视频】选项卡，调整位置参数，如图 3-74 所示。

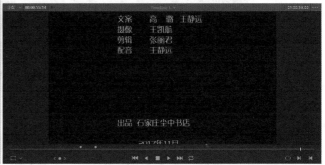

图 3-74

拖动当前指针查看滚动字幕的效果，如图 3-75 所示。

图 3-75

我们也可以控制滚动字幕最终停留在最后两行而不是完全滚出屏幕。首先拖动字幕的末端延长到 8 秒，如图 3-76 所示。

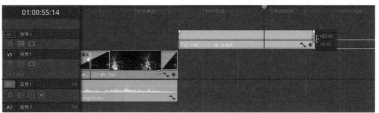

图 3-76

在字幕片段上右击，在弹出的快捷菜单中选择【新建复合片段】命令，在弹出的对话框中输入名称，如图 3-77 所示。

单击【创建】按钮完成复合片段的创建，如图 3-78 所示。

在复合片段上右击，在弹出的快捷菜单中选择【变速曲线】命令，如图 3-79 所示。

图 3-77

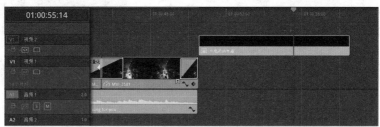

图 3-78

图 3-79

拖动当前指针到字幕要停留在屏幕的位置，按住【Alt】键在速度曲线上单击添加关键帧，如图 3-80 所示。

当再次将光标放置于关键帧上时，可以显示数值，如图 3-81 所示。

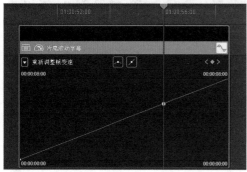

图 3-80

图 3-81

向下拖动片段末端的关键帧，数值与第二个相同，如图 3-82 所示。

如此形状的速度曲线就表明了字幕开始由正常滚动到最后两行停留在屏幕中的效果。

还可以为字幕添加一些纯色或渐变的色块背景。在【特效库】的【生成器】组中包含彩条、四色渐变、窗口和纯色等，如图 3-83 所示。

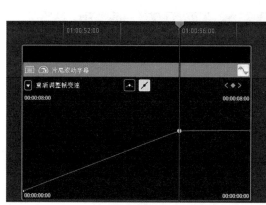

图 3-82	图 3-83

比如，在字幕的下一层创建一个纯色，只需从工具箱的【生成器】组中拖动纯色到字幕的下一轨道上即可，如图 3-84 所示。

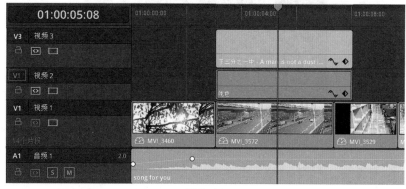

图 3-84

选择纯色，在【检查器】面板中调整参数，如图 3-85 所示。

图 3-85

3.5 变速控制

DaVinci Resolve 14 的剪辑功能提升很大，在变速方面也相当给力，不仅可以简单调整一个片段的速度，还可以针对一个片段非均匀变速、倒放、冻结帧等。

下面先从最简单的变速开始，在时间线上已经安排好了几段素材，如图 3-86 所示。

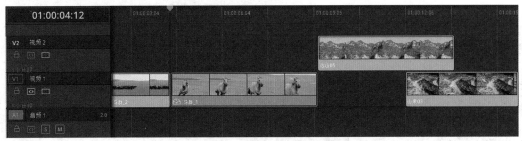

图 3-86

1 在片段"马群_1"上右击，在弹出的快捷菜单中选择【更改片段速度】命令，弹出【更改片段速度】对话框，如图 3-87 所示。

图 3-87

 提示　音调校正是针对音频变速的。

2 先降低速度到 80%，自然而然时长会相应增加。在时间线上片段虽然播放速度变慢了，但长度和位置都没有改变，如图 3-88 所示。

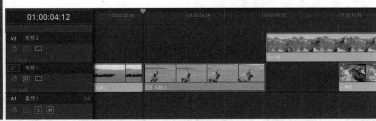

图 3-88

3 如果在改变速度时勾选【波纹序列】复选框，当片段速度改变后，在时间线上就会改变长度，也会影响后面的片段位置，如图 3-89 所示。

4 倒退速度和冻结帧比较容易理解，这里不做过多讲解，重点讲解变速曲线。在片段"马群_1"上右击，在弹出的快捷菜单中选择【变速曲线】命令，如图 3-90 所示。

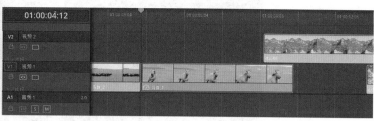

图 3-89

5　这是源素材的播放速度曲线，拖动当前指针到中间位置，单击■按钮添加关键帧，或者按住【Alt】键在速度曲线上合适的位置单击也可以添加关键帧，如图 3-91 所示。

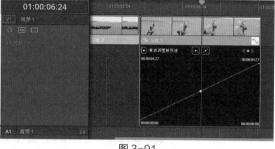

图 3-90　　　　　　　　　　　　　　　　　　图 3-91

6　向下拖动第二个关键帧，降低前半段的速度，通过在检视器中反复播放，可以很明显地看出前后播放速度的变化，如图 3-92 所示。

7　单击■按钮，使变速曲线光滑，使前半段的慢速和后半段的快速衔接自然，如图 3-93 所示。

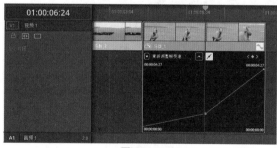
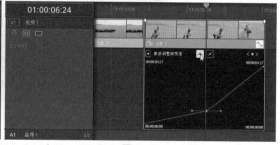

图 3-92　　　　　　　　　　　　　　　　　　图 3-93

8　右击该片段，在弹出的快捷菜单中选择【变速控制】命令，如图 3-94 所示。

9　从上面发现前半段的黄点间隔比较大，后面的蓝点间隔紧凑，这也是前面速度变慢和后面速度变快的表示。同时还有数值表示，前半段是 44%，后半段是 162%。

10　拖动中间标线的上半部分，前半段的数值可以继续改变，如图 3-95 所示。

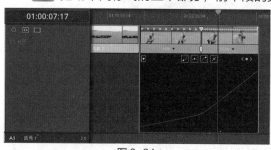
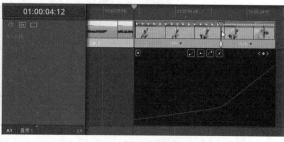

图 3-94　　　　　　　　　　　　　　　　　　图 3-95

11　如果拖动中间标线的下半部分，前半段的数值和后半段的数值不发生改变，会改变片段的长度，如图 3-96 所示。

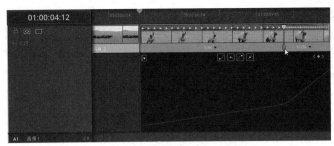

图 3-96

12 在数值右侧的下拉菜单中，包含多项调整速度的命令，如图 3-97 所示。

图 3-97

13 单击左上角的 ✖ 按钮可以关闭【变速控制】，或者按快捷键【Ctrl+R】，如图 3-98 所示。

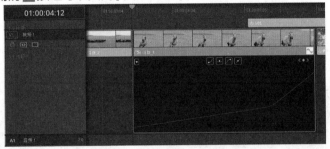

图 3-98

14 再单击 ∿ 按钮可以关闭【变速曲线】，如图 3-99 所示。

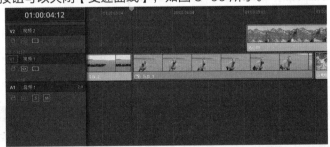

图 3-99

3.6 本章小结

　　达芬奇的新版本在影视编辑方面的功能越来越完善和强大。本章首先介绍了剪辑工作界面及操作工具的使用方法，重点讲解了三点编辑与四点编辑中插入、覆盖和替换素材的技巧和各不相同的操作效果，最后一次针对 DaVinci Resolve 14 的转场、字幕和变速功能做了详尽的介绍。

第 4 章

一级调色

　　调色通常分成两个处理阶段，即一级调色和二级调色。一级调色主要处理画面的整体色调、对比度和色彩平衡；二级调色重点对画面的特定区域或特定颜色做进一步的完善处理。这两个看似彼此分开的处理过程，只是工作重点有所区别而已，其实它们是互为影响和关联的，每一个阶段该如何处理，什么时候该从一个阶段转入另一个阶段，这些都会因项目的具体要求和调色师的经验水平而有所不同。

　　本章从示波器、灰阶、色轮、匹配和曲线逐步讲解一级调色的原理、流程和具体操作技巧。

示波器可以分析整个画面，集中精力处理细节问题及比较不同画面之间的特点。专业的调色师必须能看懂示波器，并且能够从示波器中判断出重要的信息，用来辅助自己的调色工作。

进入【调色】工作界面，选择主菜单【工作区】|【视频示波器】|【开启】命令，打开示波器，如图 4-1 所示。

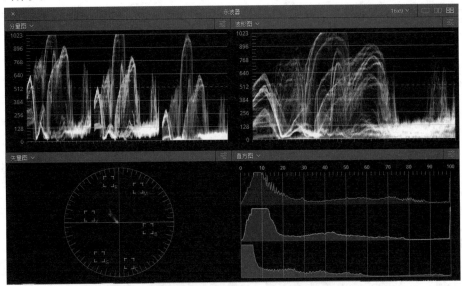

图 4-1

DaVinci Resolve 14 的软件示波器由 4 个部分构成，分别是波形图、分量图、矢量图和直方图。其中最常用的是分量图和矢量图。单击图标▣▣只显示两个图，选择要显示的图形，如图 4-2 所示。

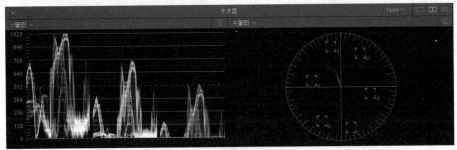

图 4-2

单击【设置】按钮▣，在弹出的小面板中进行更多的显示设置，如图 4-3 所示。

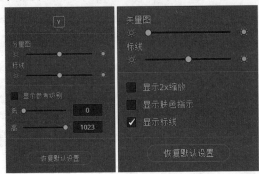

图 4-3

先来学习波形图示波器。首先单击单图形显示按钮只显示波形图，如图 4-4 所示。

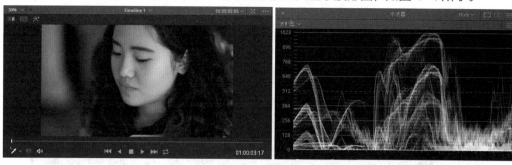

图 4-4

波形图示波器的底部是一个带有刻度的横轴，在纵轴上不仅带有刻度还有数值。数值的范围为 0 ～ 1023，在数值为 512 的位置有一条横向的虚线。波形图显示的是图像中所有像素点的亮度分布图，波形图示波器能很好地帮助调色师全面精确地评估曝光和反差，如图 4-5 所示。

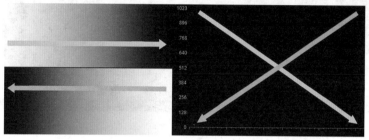

图 4-5

用灰阶来理解亮度和波形的对应关系最具直观性，能很好地帮助调色师判断实际图像中对应不同亮度的区域，如图 4-6 所示。

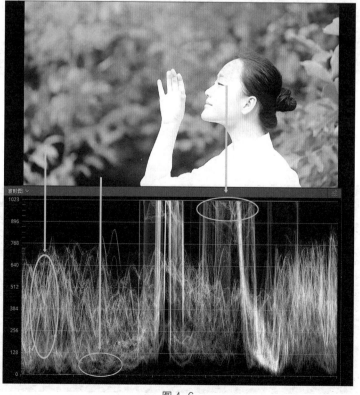

图 4-6

人物脸部高光亮度很高,位于示波器的顶部,红、绿、蓝 3 种分量波形相互重叠,表示其量值大致相当。绿叶由于其自身明显的色彩倾向,绿色波形突出而红色波形很弱。果树的间隙暗部亮度很低,波形靠近示波器的底部。

RGB 分量示波器把图像中的三原色分离,用于评估画面的色彩平衡是否正确,如图 4-7 所示。

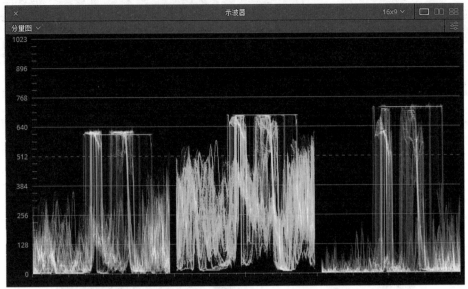

图 4-7

红、绿、蓝波形分别对应图像中的红色分量、绿色分量和蓝色分量。用软件去掉其中两个分量后,可以得到红色图像、绿色图像和蓝色图像,如图 4-8 所示。

图 4-8

由于波形各自独立,可以帮助调色师更为精确地对每一个原色进行评估。

矢量示波器是一种有效的色彩倾向评估的工具,用于分析图像色彩的内部构成,就像个色彩圆环,中间是白色,四周是红、橙、黄、绿、青、蓝、紫的均匀分布和无限过渡,如图 4-9 所示。

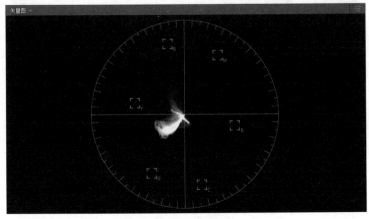

图 4-9

如果波形明显偏向某一侧，整个图像色彩就会呈现出相应的色偏，如图 4-10 所示。

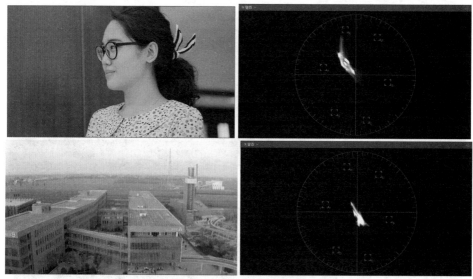

图 4-10

直方图是把色彩分量和亮度进行综合评价，能深入地分析分量信号从阴影到高光的数量分布，从而对反差和色彩进行更精确的控制，如图 4-11 所示。

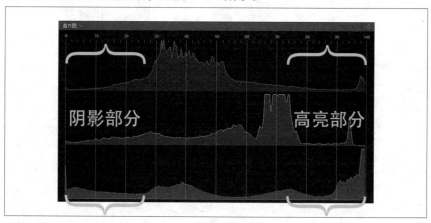

图 4-11

4.2 一级调色流程与模式

科学合理的工作流程有助于调色师更加合理地组织调色工作和提高工作效率。一级调色工作流程按照先后顺序一般分成两个阶段：色彩校正和建立色彩基调。

第一阶段：色彩校正

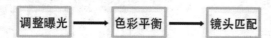

第二阶段：建立色彩基调

1 调整曝光

由于室内光照不足或者摄影机的设置有误导致画面曝光不足，如图 4-12 所示。

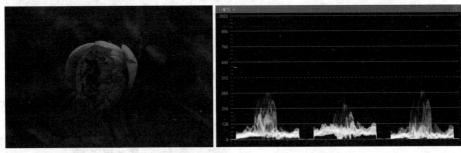

图 4-12

调整 Lift、Gamma 和 Gain 予以修正。在色轮图中提高 Gain 的数值，低电平受 Gamma 的影响也被提高，所以同时稍压低 Lift 以保证暗部不发灰，如图 4-13 所示。

图 4-13

2 色彩平衡

前期拍摄时，照明灯具的色温和摄影机的色温设定不一致，导致画面偏青，如图 4-14 所示。

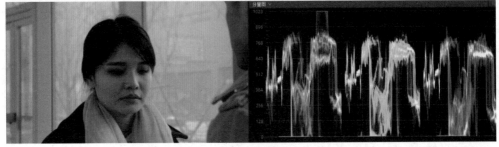

图 4-14

用【偏移】和 Lift 调整工具予以修正，呈现室内温暖的色调，如图 4-15 所示。

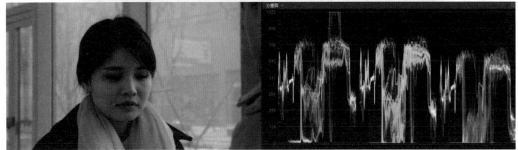

图 4-15

3 镜头匹配

整段场景由多个镜头组成，拍摄时由于机位、角度的变化，镜头的亮度或色调会产生一些差别，需要依次调整以相互匹配，保证剪辑的流畅，如图 4-16 所示。

图 4-16

从监视器中可以对比左边的镜头画面和右边的画面，发现差距很大，因为逆光的原因无论是亮度还是色调都需要调整。我们对比一下分量图，如图 4-17 所示。

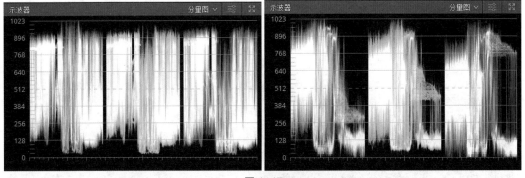

图 4-17

在【一级校色轮】面板中调整亮度和色相，尽量与后面的镜头相近，如图 4-18 所示。

图 4-18

 提示　　因为这两个镜头差距太大，为了获得比较理想的结果，还需要二级校色针对蓝天做进一步的调整。

在完成场景平衡后，如果每个镜头之间都已经做好了均匀的匹配，接下来就是风格化调色，可以发挥创意对画面进行风格化。

当调色师针对一个影片中的多个镜头进行调色时，鉴于色彩校正工作的多种可能性和复杂性，一般可采用两个组织调色的办法，一种是一次做完色彩平衡和风格化；另一种是先对所有的镜头进行色彩平衡，再统一进行风格化调整。

如果正在创建的校色项目是相当自然或相对简单的，尤其是场景的大多数镜头都不需要太多的校正，基本上通过一级调整就能完成绝大部分工作，我们可以选择把平衡场景和风格化整合在一起，这种方法通常最快并适用于任何项目。但是，这种方法往往会因为之后新增的调色节点带来新的缺陷，有可能要重新平衡场景。比如，下面这个镜头的调色节点图就是先做了多步骤的调色，最后又应用了 LUT 进行风格化，一旦否定了这个版本就至少需要重新调整节点 01 和 05，如图 4-19 所示。

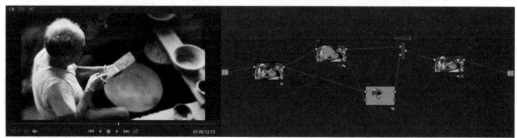

图 4-19

如果所做的项目有比较长的制作周期，而且会持续多次审片而频繁修改，那么就分两个阶段来进行。首先是完成镜头的色彩平衡校正，确保场景中的所有镜头看起来都很完善，而且相互匹配，然后在第二阶段重点就是进行独立的校正，从而创建风格化的效果。当然在理想的情况下，可以创建一套风格调整能够应用到整个场景，甚至可以考虑应用复合片段的方式统一进行风格化调整，相当于为场景中的每一个镜头应用了同样的调整。比如，下面的两个镜头是参照天空进行的调色效果，如图 4-20 所示。

图 4-20

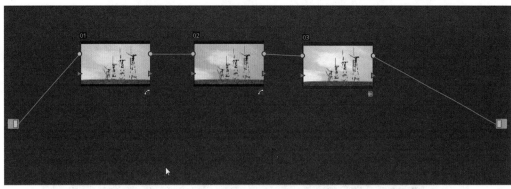

图 4-20(续)

　　在调色完成后要反复播放进行比对，检查风格化完成后是否需要对场景中的某些镜头进行单独调整。对于善变的客户来说是很高效的选择，至少每一次的修改还能保留原来的校正成果。例如，客户原来要求天空是高饱和度的蓝天白云，现在又要求整个场景色调偏暖做旧，在之前的基础上可以很容易地重做风格化调色，关闭前面的 LUT 节点，选择另一个 LUT 并在一级校色轮中调整色相、亮度和饱和度，无须重做场景平衡调整，如图 4-21 所示。

图 4-21

4.3　色轮调色

　　使用色轮调色是一种非常直观的调色方式，在绝大多数专业的调色软件或剪辑软件中都具备这个模块，这是最基本的调色功能，在 DaVinci Resolve 14 中也是使用率极高。在 DaVinci Resolve 14 的色轮中不仅可以拖动旋钮、拖动滑块和输入数值，还可以使用鼠标滚轮微调数值，这就让一些没有调色台的用户也能轻松地使用鼠标、手写板或触控板来调色。

　　色轮调色有 3 个操作模式：一级校色轮、一级校色条和 LOG 模式。

　　一级校色轮包括 4 组色轮，分别是 Lift、Gamma、Gain 和偏移，如图 4-22 所示。

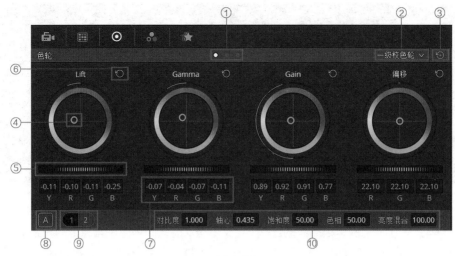

图 4-22

① 操作模式切换按钮：通过单击这些圆点可以快速切换操作模式。

② 操作模式切换菜单：通过单击向下箭头图标，可打开快捷菜单并切换不同的操作模式。

③ 全部重置按钮：单击该按钮，可以把当前操作模式中调整的所有参数复位。

④ 色彩平衡轴心点：通过移动这个灰色小圆圈来改变图像的色彩平衡。在色轮内部任意位置单击并拖动可以移动色彩平衡轴心点，色轮下方的 RGB 参数也会相应变化。按住【Shift】键并在色轮内部任意位置单击，将会把色彩平衡轴心点放到鼠标单击的位置，这可能会带来更快速更极端的调整。在色轮内部双击可以复位色彩平衡的调节参数。

⑤ 主旋钮：主要用来调整亮度，通过拖动主旋钮可以同时修改 YRGB 通道的数值。向左拖动主旋钮图像变暗，向右拖动主旋钮则图像变亮。按住【Alt】键拖动主旋钮将只调整 Y 的数值。

⑥ 重置按钮：单击该按钮可以把对应的色轮调节组的参数复位。

⑦ 色轮数值栏：该数值栏只是显示对应组色轮调整的参数值，这里不能手动输入数值。

⑧ 自动调色按钮：单击该按钮，可以让 DaVinci Resolve 14 对画面进行智能调色处理，主要进行自动对比度和自动白平衡的处理。

⑨ 调色群组切换：单击 1 将显示【对比度】、【轴心】、【饱和度】、【色相】和【亮度混合】参数；单击 2 则显示【色温】、【色调】、【中间调细节】、【色彩增强】、【阴影】和【高亮】参数，如图 4-23 所示。

图 4-23

⑩ 调色组参数：切换 1 或 2 则显示相应的调色组参数，并且可以在这里手动输入数值，如图 4-24 所示。

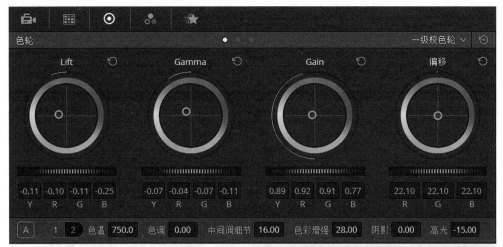

源素材

调色效果

图 4-24

在色轮调整工具中，可以同时调节亮度通道 Y 和 R、G、B 3 个颜色通道，一般情况下可以简单地认为 Lift、Gamma 和 Gain 代表图像的暗调、中间调和亮调，但它们之间的范围是相互重叠的，调整任意一个范围，都会对其他范围产生影响，只不过影响程度不同而已。色调范围由图像的亮度决定，0 为纯黑色，1023 为纯白色，如图 4-25 所示。

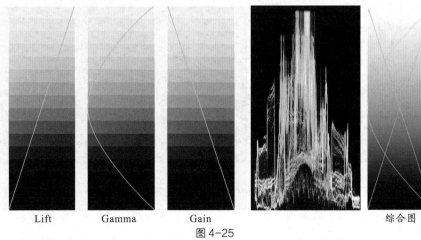

图 4-25

Lift：主要影响图像的暗调部分。从图 4-25 可以看出 Lift 影响力的衰减曲线，从黑色到白色 Lift 的影响力呈线性递减。向左移动主旋钮，黑点与白点之间的距离增加，中间范围扩大，暗调部分变黑，图像对比度增强；向右移动主旋钮，黑点与白点之间的距离减小，中间范围减小，暗调部分变亮，图像对比度减弱。

Gamma：主要影响图像的中间调部分。从图 4-25 可以看出 Gamma 影响力的衰减曲线，不同于 Lift 的线性衰减，Gamma 的衰减曲线是非线性的，可以看到 Gamma 对中间灰（512 亮度）的影响力最大，然后向两侧非线性降低。向左移动主旋钮，图像变暗，对比度增强；向右移动主旋钮，图像变亮，对比度减弱。Gamma 对黑点和白点的影响较小，同时要注意调整 Gamma 对 Lift 的影响比对 Gain 的影响稍大一些。

Gain：主要影响图像的亮调部分。从图 4-25 可以看出 Gain 影响力的衰减曲线，从白色到黑色 Gain 的影响力呈线性递减，这和 Lift 的衰减曲线刚好相反。向左移动主旋钮，白点与黑点之间的距离减小，中间范围减小，亮调部分变暗，图像对比减弱；向右移动主旋钮，白点与黑点之间的距离扩大，中间范围扩大，亮调部分变亮，图像对比增加。

为了帮助理解 Lift、Gamma 和 Gain 的作用，下面做一些极端的调色，选择一个外国女孩的镜头，在"一级校色轮"模式下进行调色，把 Lift 移动到蓝色，Gamma 移动到品红，Gain 移动到黄色，通过监视器查看调色效果，虽然调色比较极端，但是色彩的融合还是细腻的，如图 4-26 所示。

图 4-26

一级校色条是一级校色轮的另外一种表达，不管在哪种模式下进行调整，都是相互反馈的。在【一级校色条】面板中可以对 Y、R、G 和 B 进行单独的调整，Y 是分离出来的亮度通道。在【一级校色条】面板中调色是通过拖动滑块来控制的，如图 4-27 所示。

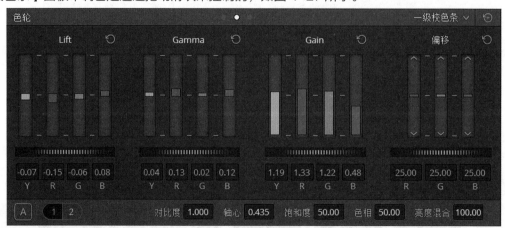

图 4-27

 提示　在光标对应的通道滑块上滚动鼠标滚轮可以精细地调整相应参数。

Y 通道滑块：亮度通道，调整亮度而不影响色彩平衡的色相。向上拖动增加亮度，向下拖动降低亮度。

R 滑块：红色通道，向上拖动增加红色，向下拖动减少红色（增加青色）。

G 滑块：绿色通道，向上拖动增加绿色，向下拖动减少绿色（增加品红色）。

B 滑块：蓝色通道，向上拖动增加蓝色，向下拖动减少蓝色（增加黄色）。

结合"分量图示波器"，使用"一级校色条"工具可以对画面进行非常细致的调整。因为在这种模式下，控制颜色的工具非常细致，并且调色对波形的影响也能够随时反映到示波器上，如图 4-28 所示。

图 4-28

Log 校色轮包括阴影、中间调、高光和偏移 4 个色轮。Log 模式的面板布局和一级校色轮面板的布局非常相似，但是它们对图像的影响效果是不同的，如图 4-29 所示。

图 4-29

Log 校色模式的衰减曲线与 Lift、Gamma 和 Gain 的衰减曲线有很大的不同，无论是阴影、中间调还是高光，其衰减曲线都是非线性的，并且其各自的影响范围有限，如图 4-30 所示。

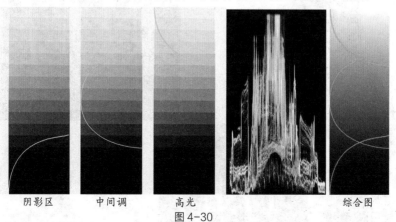

阴影区　　　中间调　　　高光　　　　　　　综合图

图 4-30

Lift、Gamma 和 Gain 之间的重叠范围很大，可以轻松地实现细微的修改，而 Log 模式的阴影、中间调和高光之间的重叠范围较小。同样做一个极端的调整实验，我们来对比一下效果，仍然选择那个外国女孩的镜头，在 Log 色轮模式下进行调整，如图 4-31 所示。

图 4-31

Lift、Gamma 和 Gain 的范围是固定的，不可以调节，而 Log 模式中不同影调的交叉范围是可以调整的。在默认情况下，阴影只作用于最暗的部分，大致在示波器波形的 1/3 底部，中间影调只影响灰色的中间部分，而高光影响示波器波形顶部 1/3 部分。我们可以使用Log色轮底部的"暗部"和"亮部"参数来调整各个色调范围，如图 4-32 所示。

在【一级校色轮】和【Log 校色轮】面板中都有一个【偏移】色轮，调整该色轮可以整体偏移图像的色彩，色轮下方的主旋钮可以改变图像的亮度，如图 4-33 所示。

图 4-32　　　　　　　　　　　　　　　　　图 4-33

偏移的色彩变化是通过移动 R、G、B 3 个通道的波形来实现的。打开示波器中的【分量图】面板，观察在使用偏移调色时，波形只是上下移动，并不进行变形，而使用 Lift、Gamma 和 Gain 调色时，波形本身会发生变形，如图 4-34 所示。

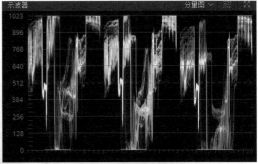

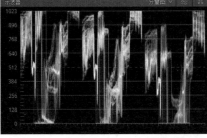

图 4-34

4.4 反差与平衡

所谓反差或对比度，也称为反差比，是指图像中最亮值和最暗值之间的差异大小。通常来说，一个图像暗部不是很黑，亮部不是很明亮，这样的图像通常被认为反差不大，对比度不高，如图4-35所示。

探讨影像的反差常常提及影调范围，如果在灰度范围（从黑色到白色）中用 Luma（亮度）分量将图像的影调标示出来，就会发现这个图像没有充分使用可用的影调范围，整个图像的影调落在灰度范围的中间位置，所以画面显得有点暗淡，如图 4-36 所示。

图 4-35　　　　　　　　　　　　　　　　　　　图 4-36

高对比度、高反差的图像是同时具备深邃的暗部和亮部的高光，我们通过该图像的亮度通道的影调范围显示，这个画面几乎占据了最大的影调范围，图像 2% 的黑和 94% 的白使这个图像更加生动和艳丽，如图 4-37 所示。

图 4-37

通过调整图像的对比度工具，可以达到这样几个目的——让高亮信号播出合法化、让浑浊的暗部更深和更黑、提高曝光不足的片段、改变图像影调的时间风格、改善整体图像的清晰度。通常情况下，调色师会将图像的可用对比度尽可能最大化，使图像看起来更生动，但是对一个镜头的亮度分量进行调整会改变图像的感知对比度，同时也会对图像的颜色产生间接的影响，所以调整反差要十分谨慎。

一个图像的亮度分布决定了 Lift、Gamma 和 Gain 会影响图像的哪个部分。例如，如果图像中只有部分区域大于波形监视器或直方图的 60%，那么白点的色彩平衡调整就不会有太大影响。因此，在调整图像颜色之前，很有必要先调整图像的对比度，否则，可能会再浪费时间反复调整。

直方图被设定为显示视频亮度信号，用于评价图像反差比例，它将图像中每个像素的亮度在垂直数字标尺的 0 ~ 110% 之间标示出来（101% ~ 110% 是超白部分）。波形图的最左侧部分表示黑位，最右侧部分表示白位，中间调的平均分布较为模糊，但很可能对应于波形图中最饱满的隆起部分，如图 4-38 所示。

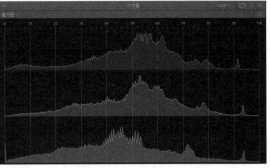

图 4-38

图形的反差比例，可以通过直方图中波形的宽度确定，从波形的位置和波形高度中的凸起，可以轻易分析出图像的阴影、中间调和高光的情况。

如果图像具有很大的反差比，画面中有很深的阴影和高亮的区域，它们之间有大量的中间调，如图 4-39 所示。

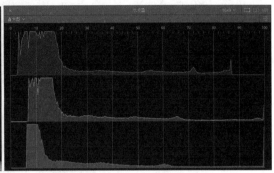

图 4-39

在直方图中可以看到，左侧巨大的山峰显示出很深的暗部背景，但能确定并没有真正的黑色，波形中间的部分显示该图像有一个良好的中间调范围，波形朝着高光的顶端逐渐减少，右边有一个小的隆起波形对应的是高光部分。我们可以做一下简单的调整，提高反差比，使背景部分有黑色，玻璃瓶的高光也增强了一部分，如图 4-40 所示。

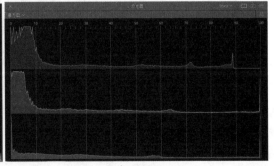

图 4-40

接下来再看看低对比度的图像，比如，下面这个室内场景因为没有直接的光源，也没有尖锐的高光，如图 4-41 所示。

从直方图中可以看到，图中的波形宽度被限制在较窄的区间中，波形分布偏向左侧，而且这个画面的暗部和高亮都不是很明显，我们稍作调整就可以整体提高亮度并强化暗部和高亮部分，如图 4-42 所示。

我们也可以使用波形图评估图像的反差，其有助于分析波形图与原始图像之间的特征关联，通过对比图像与波形图的底部或顶部波形，得到与画面相对应的、具体的波形位置，如图 4-43 所示。

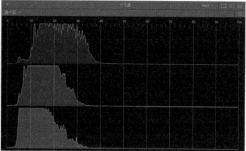

图 4-41

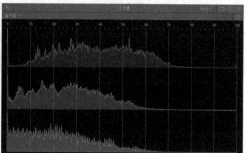

图 4-42

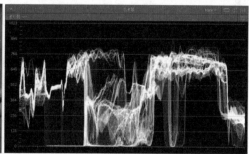

图 4-43

当波形图设置成只显示视频亮度，整体波形的高度就是图像的反差，黑点位于波形图的最下方，白点以波形图的顶部表示，中间调就是波形图中部最密集的部分，但如果图像的中间调很多，波形可能会比较分散。

我们针对上面的镜头稍调高了 Gamma 和 Gain 之后，反差变大，整体亮度也提高了不少，如图 4-44 所示。

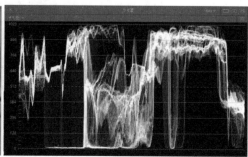

图 4-44

监视器的反光会对调色师判断反差有很大的影响（理想情况下，监视器不应该有反光），所以必须严格控制调色间的光照。当调色师控制调色间的光照水平时，也要与目标受众的环境光照水平匹配。如果观众是在黑暗的影院观看影片，那么调色的工作环境也要在同样黑暗的环境；如果是在客厅播放的电视节目，就需要比较亮的散射光环境。

除了 Lift、Gamma、Gain 和偏移，以及色彩平衡工具和曲线外，DaVinci Resolve 14 还提供了对比度和轴心调整，这是另一种扩展和压缩图像反差的方法。简单地说，使用对比度就可以同时改变图像的黑位和白位，定性地改变图像黑白之间的值，轴心工具是用于分配对比度在黑位白位之间区域的权重，中心数值的大小决定了对比度调整所影响的区域是侧重暗部区域，还是侧重亮度区域。我们选择一个镜头在 DaVinci Resolve 14 里进行测试，使用 3 个不同的轴心值，将对比度设置为同样的数值，而轴心分别被设置为 0.5、0.65 和 0.25，比较一下调色效果，如图 4-45 所示。

轴心值为 0.5　　　　　　　　　　轴心值为 0.65　　　　　　　　　　轴心值为 0.25

图 4-45

如果轴心点值偏低，提高对比度时会提亮高光，影响高光区；如果轴心点值偏高，调整对比度会加重反差，影响暗部区域。

4.5 镜头匹配

所谓的镜头匹配，就是匹配一个场景中所有镜头的色彩、对比度和视觉质量，让它们看起来像发生在同一时间、同一地点，这也是在调色过程中最消耗时间和精力的工作。如果在一个场景中两个镜头在亮度或色调上有明显的差异，就会突出它们之间的剪辑点，容易使观看者跳出情节。

为了保证后期调色的效率和质量，前期的拍摄工作尤为重要。专业的摄影师会通过平衡每一个镜头的布光和曝光，尽量使所拍摄的镜头更易于匹配。不过，由于经费、周期和外界条件的影响，并不能完全满足摄影师对镜头的要求，往往受到天气或预算的影响，大大增加了后期调色工作量。尤其是在纪录片和纪实类的电视节目中最为突出，由于这类影片的低预算和紧张的时间表，造成拍摄时大多使用自然光，一个场景通常会结合各式各样的地点和不同时间段拍摄的镜头，如图 4-46 所示。

图 4-46

影视后期调色如同剪辑工作一样，不可能一次就完成，多次的重复修改是非常正常的，客户经常会推翻自己既定的目标，朝令夕改都需要每一位调色师理解和配合，尽可能有效地落实每个场景的色调，不断提高工作效率、提升水平，在进行镜头之间的匹配过程中考虑到调色策略，在开始平衡场景前，通过播放场景，挑选你认为最能代表该场景的镜头，调整这个有代表性的镜头并确定风格，一旦落实了基本的色彩平衡、曝光值和反差比例，然后评估场景中的其他镜头，匹配整个场景的镜头。比如，下面的 3 个镜头就是将外景人物的肤色作为重要标准，基本完成了人物和场景的匹配，至于天空等局部再进行二级校色，这样很容易完成这个场景的和谐，如图 4-47 所示。

作为参考主镜头　　　　　　　　　前一镜头　　　　　　　　　后一镜头

图 4-47

在理想情况下，可以选择场景中任一镜头作为主镜头，并对其进行一系列的调整直到完美，可实际上组成这个场景的镜头可能是一堆乱杂烩，有曝光良好或不好的镜头，也会有偏色严重的镜头，调色时一定要考虑到最好和最差的镜头所能做到最好的调整，评估两组调整结果之间的局限性，否则就会经常陷入绝境，频繁地重复操作。

1　镜头对比方法

如果要顺利地从一个镜头匹配到另一个镜头，要具备通过评估图像来分辨两个镜头之间差异的能力，首先要观察目标镜头，然后观察参考镜头，最后通过各种不同的工具进行镜头的匹配。下面介绍 5 种最常用的镜头对比方法。

(1) 从视觉上比较镜头

这是最常用也是最简单的方法。只须来回切换镜头，比对当前镜头与之前的镜头，在 DaVinci Resolve 14 的【剪辑】工作界面中的双屏显示模式下，无论目标镜头和参考镜头是否相邻，都可以很方便地进行比对，如图 4-48 所示。

镜头 1　　　　　　　　　镜头 3

图 4-48

如果要源素材与校正效果比对就更方便了，可以使用【匹配帧】按钮■进行同一帧画面在校正前后的比对，如图 4-49 所示。

(2) 静帧图库与分屏比较镜头

利用调色后的参考镜头来评估场景中的其他每一个镜头，可以完成参考镜头的调色后抓取一个静帧存储在【画廊】中，然后留待与项目中的所有镜头进行比对。这些静帧除了参考比对之外，还能存储调色参数，在比对镜头时，可以复制粘贴静帧里的设置参数，可以直接使用它，或者单独复制粘贴作为起点，再进一步修改以创建匹配。

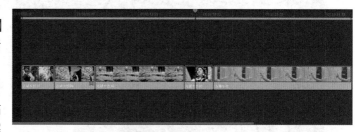

图 4-49

分屏显示会带有不同的控制参数，用于切换分割屏幕的方式是水平还是垂直，也改变分屏滑动的方向，还能对任意一侧的图像重新构图，取决于校色需要看多少画面内容，如图 4-50 所示。

图 4-50

(3) 切换开启或关闭全画幅尺寸的参考静帧

如果把分屏滚动的参考静帧尺寸设置为 100% 全画幅，可以在关闭或打开之间切换全画幅的参考静帧，与时间线上的另一个镜头作比较。全画幅切换可以超越人眼适应性的限制，使调色师很容易察觉出两个镜头之间的基本差异，如图 4-51 所示。

图 4-51

(4) 多画面视图模式

DaVinci Resolve 14 有独特的分屏设置，并包含多种观看选项，可以选择多个画面多布局的视图来评估时间线及镜头的调色结果，如图 4-52 所示。

图 4-52

还可以比对应用静帧调色参数前后的效果，这样很方便调整相似场景、时间段和布光下拍摄的镜头，如图 4-53 所示。

(5) 光箱故事板模式

DaVinci Resolve 14 的光箱视图，可以显示时间线上所有片段的缩略图，缩略图的大小可变，这些缩略图同样可以用于镜头成组、复制调色参数或者光箱视图中直接在对应片段的缩略图上调色，效果直接输出到监视器。对时间线和光箱视图可以设置不同的筛选选项，根据不同的条件显示对应的片段，如图 4-54 所示。

图 4-53

图 4-54

当开始比对两个要匹配的镜头时，就要找出它们之间的区别。首先，我们只用肉眼来观察和比较镜头，不断培养这种能力并形成一种观察本能，凭借监视器比较两幅图像的反差、色彩平衡和饱和度，然后再匹配它们。

比较反差：因为镜头的反差比例对后面的色彩平衡调整有很大的影响，所以要想做好镜头匹配，首先要比较每个镜头的反差比例，做好对比度调整，让黑位和白位排列整齐，在参考图像和匹配镜头之间来回比对，查看并判断图像最暗和最亮区域的相似程度；然后决定是否要对暗部和高光的对比度做出调整或者如何进行调整，观察每个图像的中间调，通过比较图像的平均亮度来判断是否有必要调整中间调的对比度。我们来看下面显示同一个场景拍摄的两个镜头，左边是调色后的参考镜头，右边是未调色的镜头，如图 4-55 所示。

图 4-55

通过观察图像可以很清楚地看到，未调色镜头的黑位比调色后的镜头低，从美女的头发和背景的阴影部分就可以得出这个结论。此外，第二个镜头看起来比第一个暗很多，而且偏红厉害。因为这两个图像中上衣和肤色亮度相差也很大，这表明未调色镜头的中间调比较低，下一步开始调整暗部和中间调对比度平衡这两个镜头，如图 4-56 所示。

图 4-56

比较色彩平衡：当完成反差匹配之后，接下来就是比较颜色，因为颜色对于不同的人来说都存在感知错觉，调色师和客户之间也会存在认同上的差异。面对如此棘手复杂的工作，其实没有绝对客观的标准确定何时结束，那只能相信自己的眼睛，如果你感觉已经匹配好了，那就是匹配好的，达到一定的程度要适可而止。

调整色彩平衡要有整体观念，在参考图像与要匹配的镜头之间往返播放和比较，不要集中在某个特定的元素上，而是要发现图像中颜色最不同的区域，看看颜色变化最大的区域究竟是在高光、中间调还是暗部，然后再做针对性的调整。看看下面两个在同一个场景不同时间拍摄的镜头，左边是调色后的参考镜头，右边是未调色的镜头，如图 4-57 所示。

图 4-57

通过观察和比较两个镜头不难看出，未调色的镜头比参考画面更冷一些，蓝色更多，特别观察人脸的高光，你可以用这个高光与参考画面的脸部高光做对比，更能凸显出未调色镜头偏冷，从墙壁的色调也可以作为调色的依据。再有就是画面中的主导色彩影响人对场景色温的感知，例如，穿深蓝色衣服的人物会让场景变得更冷。同样，背景的青灰墙也是让镜头变冷的元素，在这种情况下，让整个场景的色温偏暖可以更好地匹配镜头，将 Gamma 和 Gain 往橙色方向推就可以完成，如图 4-58 所示。

图 4-58

比较饱和度：饱和度是指色彩纯度，是色彩构成的要素之一。纯度越高，表现越鲜明；纯度越低，表现则越暗淡。在调色时容易将色彩平衡与饱和度的强度混淆，有时候图像的色彩平衡本已正确，但由于饱和度不够容易导致错误地继续调整色彩平衡来创建匹配，而色彩平衡的过度调整会导致饱和度提升，最终会导致图像出现不匹配的色彩偏移。有时候针对一些偏色，对图像增加饱和度，就能得到比较正确的结果。我们用两个古城拍摄的镜头做一下比较，如图 4-59 所示。

图 4-59

右图的饱和度比左图稍低，这个差别并不是很明显，但如果你仔细观察红色的灯笼和门柱，就会觉得右图的颜色要比第一个暗很多。另一个需要比较的元素是绿色植物，右图中的绿色植物与左图中分散的植物，对整体图像饱和度的调整能相对容易地解决这个问题，如图 4-60 所示。

图 4-60

检查异常情况：如果完成了镜头匹配并对整个场景感到满意，但别忘了还是要多看一眼，看看有没有比较抢眼的元素出现，再跟客户确定该对象是否应该突出，还是需要进行单独地校正处理，以减弱其对观众的吸引力，当然这种问题处理起来并不难，通过二级校色是很容易解决的。下面是一个广告影片的镜头，其中黄色的贴条非常突出，会影响观众对人物和产品包装的注意力，最后就降低了该区域的饱和度，如图 4-61 所示。

图 4-61

调整和对比的反复：调整对比度和色彩平衡工具存在交互关系，这就导致了镜头匹配是一个迭代过程，往往需要反复调整才能达到理想的效果，但最终的结果并没有客观限定，要避免因为个别镜头耗时过多而造成的眼睛适应性缺陷，为了确保工作速度和效率，要自信于适可而止。

2 利用软件的对比方法

用肉眼来判断镜头的差异对调色师工作经验的依赖度相当高，也并非完全可靠，需要结合视频波形，进一步分析、判断和确定两个镜头之间的问题，这才是比较精准的调整方法。

(1) 用波形示波器做对比

利用示波器进行镜头对比是很简单的事情，将波形示波器设置为 YRGB 显示模式，同时显示亮度通道和红绿蓝通道，或者设置为 Y 模式只显示亮度通道，对应黑位和白位就是对应底部和顶部的波形，中间调通常体现为波形的中部密集状态，所以对比波形的顶、底和中间调高度，就能找出镜头之间的差异。

当使用波形图比较图像时，可以在两个全画幅的画面之间来回切换，观看它们的整体波形，也可以分屏显示分别对应两个画面的波形，如图 4-62 所示。

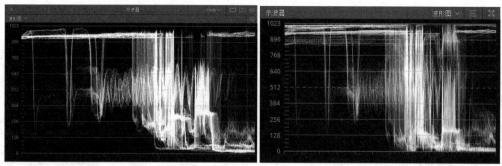

图 4-62

既然能够找出两个波形图的差异，就根据参考波形对齐底部、顶部和中部，让暗部、中间调和高光的匹配调整变得轻松。

(2) 用矢量示波器做对比

矢量示波器是比对两个镜头的色度分量最好的工具，通常是在全画幅之间切换并进行对比，如图 4-63 所示。

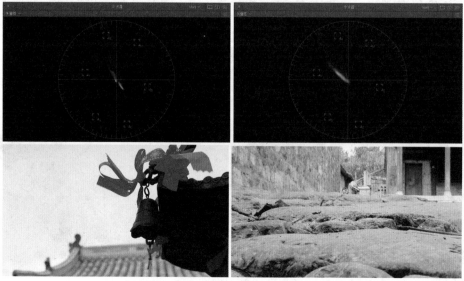

图 4-63

通过在这两个矢量图之间切换比对,可以看到在左侧的矢量图中波形集中在十字线,表明色彩平衡已经基本做好,对应波形的一端朝向蓝色靶位生长,表明画面中有丰富的蓝色。而右侧的矢量图中明显偏向黄色和红色的靶位,几乎没有看到蓝色波形的存在。通过矢量图就能确定这些镜头的整体色彩平衡的差异,同时也能找到问题所在。

当使用矢量示波器进行比对时,应注意以下几点。

▶ 整体色彩平衡的比较相当容易。通过整体图像的波形与矢量示波器中心点之间的偏移来判断,已经匹配的镜头波形通常会在同一个方向偏移,偏移的距离也会接近一致。

▶ 各个元素的色相比较不太直观清晰。通常以每个矢量波形的偏移角度做参考,例如,下面两个镜头中天空区域都向蓝色靶位延伸,不过它们的波形朝蓝色靶位的偏移稍有不同,这个信号表明某个特定的元素可能并不匹配,如图 4-64 所示。

图 4-64

接下来参照镜头 2 对镜头 1 的天空区域进行调整,如图 4-65 所示。

图 4-65

▶ 两个图像饱和度的比较是最简单的。饱和度在矢量示波器上体现为波形图的总直径,所以只需简单地比较两个矢量波形的整体尺寸,就能够知道是否需要调整饱和度,如图 4-66 所示。

图 4-66

图 4-66(续)

(3) 使用 RGB 分量示波器

使用 RGB 分量示波器，让高光和阴影的色彩平衡对比变得相当容易，观察红、绿、蓝波形的顶部、中部和底部彼此是否对齐。如果图像的 3 个通道都偏移，那么就要使这种偏移类似于参考图像的通道偏移，就能获得理想的匹配结果，如图 4-67 所示。

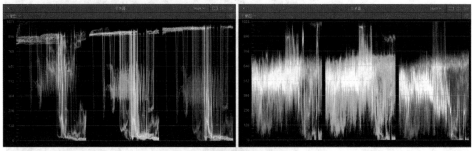

图 4-67

4.6 RGB 混合器

在 RGB 混合器面板中，可以重新混合每个颜色通道的数量，从而得到非常丰富的具有创造性的调色风格。该面板的布局如图 4-68 所示。

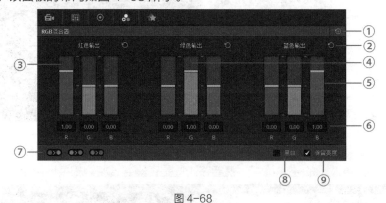

图 4-68

① 全部重置按钮：单击该按钮，可以让面板中调整的所有参数恢复初始设置。

② 输出组重置按钮：单击该按钮，可以重置相应组的所有调整。

③ 红色输出的 R 通道：RGB 混合器中包含 3 个输出组，分别是红色输出、绿色输出和蓝色输出。每个输出组中都包含 R、G、B 3 个通道，在红色输出组中 R 为 1.0、G 为 0 和 B 为 0，这表明在默认情况下，在红色输出中只输出 R 通道的信息，如果把 G 和 B 的数值增加，则代表在 R 通道中混入了 G、B 通道的亮度信息。需要注意的是，不管 R、G、B 3 个数字怎么变化，它们都属于红色输出，影响的都是图像的红色通道，其他两个输出组可以依此类推，如图 4-69 所示。

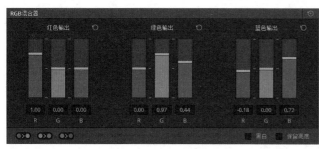

图 4-69

④ 绿色输出的 G 通道：原理同上。

⑤ 蓝色输出的 B 通道：原理同上。

⑥ 数值参数显示区：这些参数不能修改，只是显示出来便于参考。

⑦ 通道交换：3 个按钮分别是交换红绿通道、交换绿蓝通道和交换红蓝通道，单击相应的按钮，即可将两个通道的亮度信息进行交换，如图 4-70 所示。

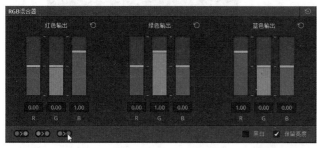

图 4-70

⑧ 黑白选项：勾选【黑白】复选框，可以让画面变为黑白图像，如图 4-71 所示。

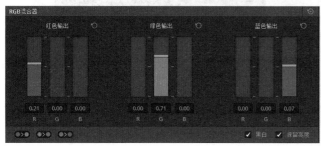

图 4-71

⑨ 保持亮度：在默认情况下【保留亮度】复选框是勾选的。无论怎样调整 RGB 混合器的参数，整个画面的亮度是不受影响的，如果取消勾选【保留亮度】复选框之后再调色，就会看到随着调整参数，整个画面的亮度也随之变化，如图 4-72 所示。

勾选保留亮度　　　　　　　　　　　　　　　　取消勾选

图 4-72

4.7 调整曲线

DaVinci Resolve 14 中有多种曲线工具，单击【曲线】按钮默认激活自定义曲线面板，这与 Photoshop、Premiere 等软件中的曲线工具是一样的，由 Y、R、G、B 4 个曲线组成，分别单独控制亮度和 3 个原色信号。Y 亮度曲线和 R、G、B 3 个原色曲线是相互作用相互影响的，调整亮度会整体提升或降低 R、G、B 3 个通道的强度，调整 RGB 也会对画面的整体亮度产生影响，但单独调整 R、G、B 3 个通道中任意一个并不会同时改变其他通道的数值，对所分离的颜色在整个对比度范围内进行校色，这样就可以通过控制某一原色通道简单地实现白平衡的校正。

在色彩曲线中的亮度分区中，右上角为高光区，中间为中间调，左下角为暗部，如图 4-73 所示。

曲线不仅能单独控制不同的色彩分量，还可以进一步深度控制每一个分量的高光、中间调和阴影。通过在曲线上添加多个控制点，可以细分不同的亮度范围，用曲线处理特殊的影调，如图 4-74 所示。

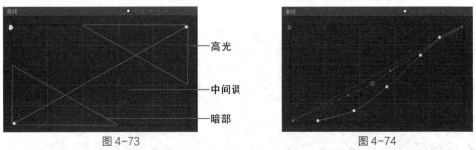

图 4-73　　　　　　　　　　　　　　　　图 4-74

比如，下面这个成熟麦田的镜头，上半部分是晴朗的蓝天，下半部分是麦田，整个画面呈现出偏暖的色调，如图 4-75 所示。

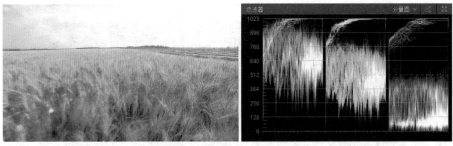

图 4-75

如果想让蓝天变得更蓝一些，最直接的做法是提升蓝色曲线或者降低红色曲线。激活【曲线】面板，用吸管在画面上要改变的天空位置单击，曲线上即可出现对应的调节点，这种方法可以让调色师轻松定位曲线和画面的对应关系，在蓝色分量曲线上向上拖动，在红色分量曲线上向下拖动这个控制点，其结果是画面的色调整体减弱暖调，曲线从趾部到肩膀都偏离了原来的基线，如图 4-76 所示。

图 4-76

查看示波器中 B 通道的波形，由于受到抬升而远离的底部，画面的暗部失去了原有的密度，

R 通道的波形由于向下拖拉而远离顶部，画面的高光受影响，如图 4-77 所示。

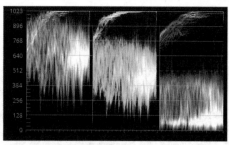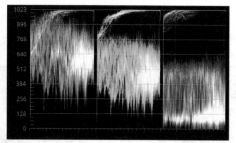

图 4-77

尝试在 R 通道曲线上增加两个控制点，并将新增加的控制点拖拉回到基线位置，使中间调和高光部分曲线斜率得以保持，麦田的色调不再受到严重的影响，如图 4-78 所示。

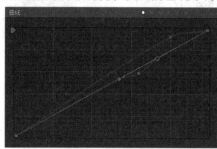

图 4-78

尝试在 B 通道曲线上增加一个控制点，并将新增加的控制点拖拉回到基线位置，使中间调和暗部曲线斜率得以保持，麦田的色调不再受到严重的影响，如图 4-79 所示。

图 4-79

结果是画面的阴影和中间调的暗部仍保持了原有的密度，麦田的颜色变化不大，而中间调的亮度和画面的高光区减弱暖色调，增强了蓝天和金黄麦田的颜色对比。这正是曲线的特别之处，它使调色师能根据特定的需求创造丰富的曲线。切换到【剪辑】工作界面，通过双屏对比显示源素材和校色后的效果，如图 4-80 所示。

图 4-80

要使用曲线工具对一个画面进行调整，首先需要确定大的方向，然后根据分量示波器与曲线的对应关系，确定在哪里添加控制点和添加几个控制点，这样才能确保控制的精确性。

下面这个镜头的分量示波器显示蓝色明显低于其他两个分量，其中以红色分量最高，画面的整体色调偏红，如图 4-81 所示。

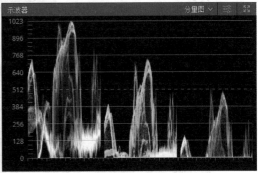

图 4-81

为了更好地选择控制点的位置，首先通过分析画面确定要对人物脸部为主的高光进行调整，在监视器窗口中用吸管吸取脸部的高亮区，在曲线的对应位置即刻出现控制点，如图 4-82 所示。

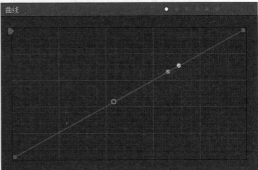

图 4-82

在调色实践中并非必须借助吸管工具，其实用波形图也能准确快速地找到对应的控制点，虚线和实线的交叉点，就是 RGB 波形和曲线控制器的对应关系，如图 4-83 所示。

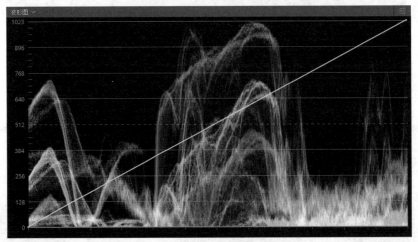

图 4-83

在交叉位置添加曲线控制点，调整其数值直到红色分量波形与绿色分量相当，在调整时 3 个分量信号相互作用，所以需要综合处理绿色和蓝色通道，注意同时还要适当地控制反差，如图 4-84 所示。

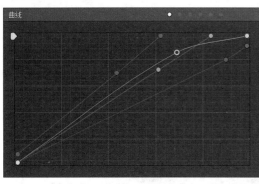

图 4-84

通过上一步的调整，高光部分得到了平衡，但中间调仍然偏红，可以在人物额头部位单击吸管取色，如图 4-85 所示。

图 4-85

或者直接在红色分量曲线的中间拉低对应点，色温得到有效的平衡，如图 4-86 所示。

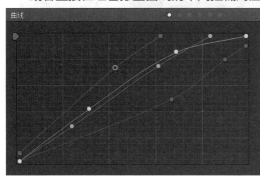

图 4-86

最后再调整一下暗部的红色，以及蓝绿通道在中间调的曲线，如图 4-87 所示。

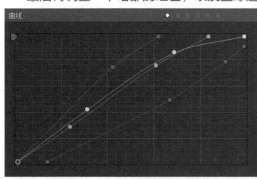

图 4-87

在校色之后，通过水平分屏方式对比图像和波形图，如图 4-88 所示。

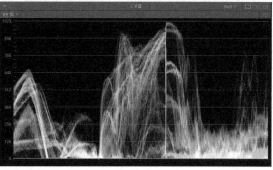

图 4-88

无论是曲线工具还是色轮控制器，都不可能独立完成复杂的调色工作，为了提高工作效率，在具体的调色实践中，要针对不同的实例选用不同的工具。比如，下面的镜头是在阴天时拍摄，图像整体偏灰，用不同的调色工具组合得到了设计的结果，如图 4-89 所示。

图 4-89

曲线是调整和平衡图像各个部分对比度的最佳工具，可以借助于波形图，找出画面中某部分对应于曲线的区段，准确地建立调节点。默认的曲线是一条呈 45° 的直线，它的每一点都与图像中相应的位置对应。当改变曲线形状时，有些区段会比 45° 更陡，同时也一定会有另外的区段比 45° 平缓，与变陡的区段对应的景物对比度会增强，与变平缓的区段对应的景物对比度会减弱。

使用曲线可以调整对比度，如提升反差、整体提亮、降低反差、中度反差或者大反差，还可以调整成其他比较有特色的曲线，以下是几种典型的曲线调整效果。

负片曲线：改变曲线两端的白位和黑位，色彩和亮度关系发生逆转，呈现出彩色负片的效果，如图 4-90 所示。

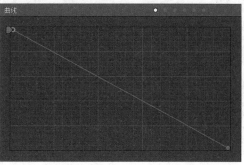

图 4-90

正片负冲曲线：这是指正片使用负片的冲洗工艺而得到的效果，这种方法赋予影像独特的色彩外观，亮部与暗部严重蓝绿色调，而中间部分饱和度很高。用曲线模拟这种效果，关键在于蓝色分量曲线的形状与其他分量正好相反，绿色分量曲线要重点突出暗部，如图 4-91 所示。

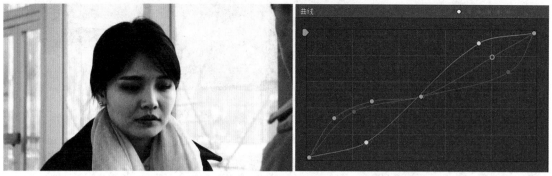

图 4-91

中途曝光曲线：中途曝光法作为摄影的特殊技法，主要是利用胶片冲洗显影过程中短暂的第二次曝光，造成胶片画面产生精巧的外轮廓线及黑白部分色调转换。中途曝光节点曲线调整，如图 4-92 所示。

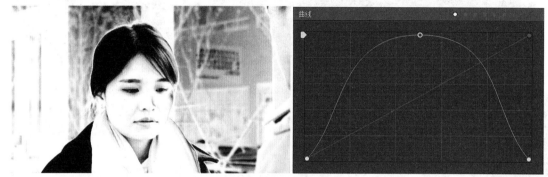

图 4-92

与单纯的高反差黑白效果是有区别的，如图 4-93 所示。

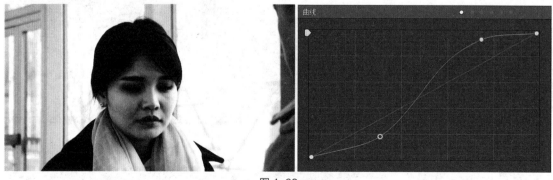

图 4-93

强化肤色曲线：在当今的影视作品中男主角很多都是奶油小生，有的甚至忽略了时代和环境因素，片面以追求唯美为目标，反而激起了部分观众追求真实健康的肤色，将人物重新归置到现实环境中的愿望。比如，图 4-94 中的原始画面，人物肤色已经得到了相对准确的还原，但为了强调人物真实的工作情景，画面中人物的肤色加入更多的红色并变暗，呈现强烈的日光肤色，满足观众的意愿。

图 4-94

突出主体曲线：在画面中突出主体有许多方法，例如利用构图手段、虚实关系、简化背景、明暗对比和色彩对比等。通过调整曲线形成色彩差异，可以轻松地突出主体，如图 4-95 所示。

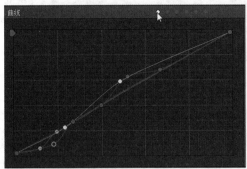

图 4-95

 提示　　在 DaVinci Resolve 14 中，用吸管工具限定需要突出的色彩，通过调整 "色相 VS 饱和度" 曲线的控制点更容易完成色彩的强化，将在后面的章节中进行详细的讲解，如图 4-96 所示。

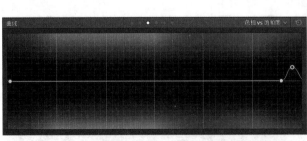

图 4-96

4.8　Camera RAW

1　Camera RAW 概述

RAW 的含义是 "原始的、未加工的"。 RAW 文件是数字影像设备捕捉到的光源信号转化为数字信号的原始数据，同时还记录了摄影机拍摄时的元数据 (MetaData)，如 ISO 设置、快门速度、光圈值及白平衡等，被形象地称为 "数字底片"。RAW 格式在摄影师手里大显神通，为后期处理提供了最大可能，极大地改变了数字电影的后期流程。

在 DaVinci Resolve 14 的【项目设置】面板中包含一个 Camera RAW 选项组，对应该软件所支持的 RAW 媒体格式，在这里设置的参数将影响整个项目的 RAW 媒体，如图 4-97 所示。

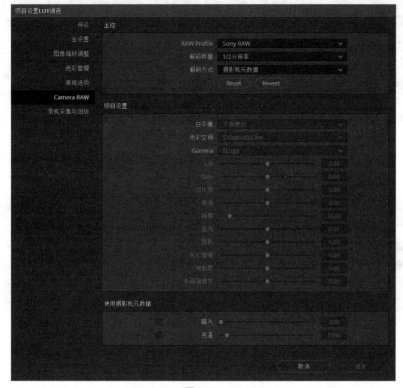

图 4-97

在 DaVinci Resolve 14【项目设置】面板的 Camera RAW 选项组中有以下 5 种 RAW 媒体格式。

▶ ARRI Alexa。
▶ RED R3D。
▶ Sony RAW。
▶ CinemaDNG。
▶ Phantom Cine。

在【调色】工作界面中会看到 Camera Raw 调整面板，可以对时间线上单独的片段进行调整，如图 4-98 所示。

图 4-98

我们可以对比一下调整 Camera Raw 参数前后的素材预览效果，如图 4-99 所示。

源素材   调整效果

图 4-99

　　继续对 Camera Raw 参数做进一步的调整，比如，调整【阴影】、【色彩增强】、Gain 等，如图 4-100 所示。

图 4-100

　　RAW 文件的编解码设置会影响调色的结果，一般在 DaVinci Resolve 14 中进行调色之前，都要对 Camera Raw 参数进行设置。

② 理解 RAW 参数

　　CinemaDNG 是一种具有高动态范围和高分辨率的开放的 RAW 图像格式，使用带有高光修复选项的全动态范围解码方式。BMD 公司的 BMCC 系列摄影机就可以拍摄这样的文件。在本书中使用到的部分 RAW 媒体文件是由 Canon EOS 7D 拍得并经过转化而来的 DNG 图像序列。

　　下面以一段 DNG 图像序列素材讲解 Camera Raw 参数的设置。

　　1 在【媒体】工作界面中把 M30-1520 素材从媒体存储面板添加到媒体池，在媒体池中右击该素材，从弹出的快捷菜单中选择【使用所选的剪辑建立新的时间线】命令，创建一个时间线，命名为"唱戏"，如图 4-101 所示。

图 4-101

　　2 进入【调色】工作界面，打开示波器，查看波形图，如图 4-102 所示。

　　3 红、绿、蓝三色分量在底部分布过多，整个画面一定是偏暗的，而红色部分超出 1023，明显是在光照不足的情况下拍摄的。虽然这段素材存在很多的问题，但由于这是一段较高宽容度的 RAW 素材，那我们就尝试进行一下调整，首先选择【解码方式】为片段，选择 Gamma 选项为【Gamma 2.6】，如图 4-103 所示。

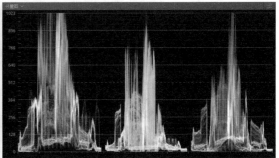

图 4-102

图 4-103

4 设置【白平衡】为【自定义】，调整【色温】数值为 3300，继续调整【曝光】的参数值，如图 4-104 所示。

图 4-104

5 调整 Gain、【对比度】、【饱和度】和【中间调细节】的参数，如图 4-105 所示。

图 4-105

6 勾选【恢复高光】复选框，查看最后的分量图，如图 4-106 所示。

提示 不同类型的 RAW 媒体，在 Camera Raw 参数面板中的参数项也会有所不同，比如，下面这一段素材是 R3D 格式，如图 4-107 所示。

在 Camera Raw 面板中有多种预设的白平衡模式可供选择，这就给 RAW 文件继续调色提供了极大的方便。单击【白平衡】右侧的下拉菜单，其中显示了多种白平衡模式，如图 4-108 所示。

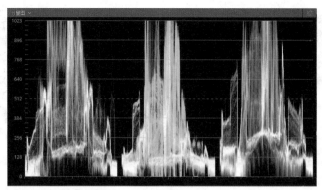

图 4-106

图 4-107　　　　　　　　　　　　　　　　　图 4-108

　　菜单中默认的白平衡模式为【不做更改】，可以切换不同的白平衡模式，查看画面的变化，可以对比一下日光、多云、阴影、钨丝灯、荧光灯和闪光灯的效果，如图 4-109 所示。

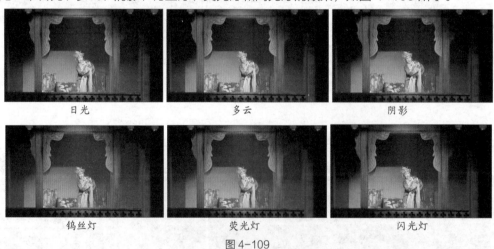

图 4-109

　　白平衡也可以选择【自定义】模式，在参数面板中设置需要的白平衡参数，如图 4-110 所示。

图 4-110

③ 应用一级调色

在 Camera Raw 设置面板中可以对 RAW 格式素材文件做初步的调整，为后面的调色工作打下基础，当然也可以直接应用一级调色。

1 单击 Camera Raw 面板右上角的快捷菜单，选择【重置】命令，保证色彩空间为 Rec.709，如图 4-111 所示。

图 4-111

2 单击色轮图标 ◉，进入【一级校色条】面板，如图 4-112 所示。

图 4-112

3 提高 Gain、Gamma 和【偏移】的参数值，如图 4-113 所示。

图 4-113

4 降低 Lift 的数值，在分量图中使红、绿、蓝三色底部降到 0 附近，如图 4-114 所示。

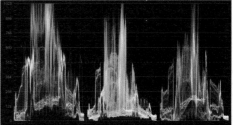

图 4-114

5 在 Gain 和【偏移】选项组中降低红色通道的数值，如图 4-115 所示。

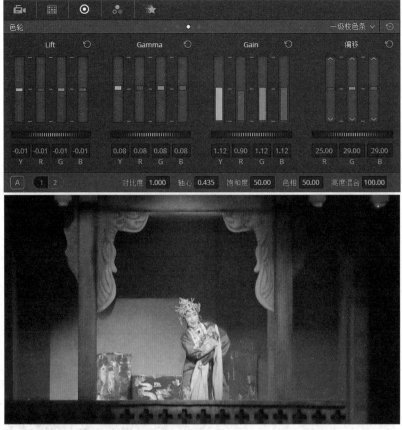

图 4-115

4.9 本章小结

在调色实践中，要实现对影像的精确控制，发挥软件的强大功能，需要综合运用各种工具。本章对示波器和初级调色流程做了详细的讲解，重点讲解了色轮调整、反差平衡和镜头匹配的操作流程和方法，还讲述了 RGB 混合器和基本曲线的调节方法，最后一节针对 Camera Raw 素材的色域空间设置和一级调色参数做了详细的介绍。

第5章

二级调色

　　二级调色，是每一位专业调色师必须掌握且需要狠下功夫磨炼的强大且神奇的技能，需要了解很多合成方面的知识，例如遮罩、选区、Alpha 通道、键、跟踪和稳定等。

5.1 关于二级调色

一级调色主要是整体调色，调整的是整个画面，而二级调色主要是局部调色，调整的是画面的选定区域。在 DaVinci Resolve 14 中创建二级调色的选区有多种方式，例如，使用窗口工具绘制选区，或者通过限定器进行抠像，甚至可以从外部输入蒙版。在实际的调色过程中，并不是非要把一级调色和二级调色之间绝对独立，而是相互融合和相互影响的，但二者始终不能相互替代。

一般而言，用二级调色的目的主要是为了把画面处理得更加自然，例如调整蓝天、绿树、碧水及肤色等。根据记忆色理论，人们对于常见物体的颜色都会有一个自然的体会，这种体会一直保存在记忆中。当进行一级调色时，往往会带来画面中某些颜色的改变，例如，平衡了天空的偏色，可能会带来草地颜色的变化，这时候草地的颜色和记忆就不相符了，那么此时需要使用二级调色工具，把草地隔离出来进行单独的颜色调整。

二级调色还经常被用来突出画面中的某个物体，以便于吸引观众的注意力，这通常会使用 DaVinci Resolve 14 的窗口工具来实现，通过这一工具制作想要的选区，然后把选区外面的部分变暗，我们一般称为"暗角"效果。

5.2 曲线调色

曲线调色是很多图像处理软件都具备的功能，至少有相当数量的读者接触过 Photoshop 软件，其中的曲线工具基本上等同于达芬奇的自定义曲线。在众多的图像软件中，曲线调色的原理都是一样的，既可以调整亮度曲线，也可以分别调整红、绿、蓝 3 个通道的曲线，如果在曲线上增加控制点，就可以对图像中的暗调、中间调或亮调部分单独进行调色处理。所有的调色曲线都能使用鼠标和调色台进行调整，曲线可以影响整个图像，也可以只影响图像的一部分。如果要调整图像的一部分，可以通过抠像、窗口或蒙版等技术来获得图像的选区。

由于曲线相比色轮调色具有更加细腻的特点，往往可以调整出具有强烈风格化的影像风格。曲线调色中提供了 6 个子面板，先来熟悉一下自定义曲线面板。

5.2.1 自定义曲线

对于大多数用户而言，使用鼠标调整曲线会更快捷。默认情况下打开的就是自定义曲线面板，如图 5-1 所示。

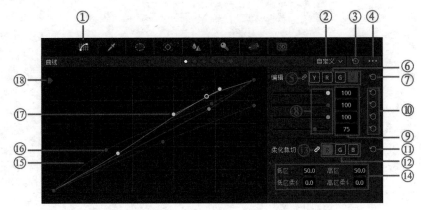

图 5-1

　　达芬奇的新版本将 YRGB 曲线面板进行合并，在默认情况下，都是从界面左下角到右上角的一条直线，它们完全重合。横轴代表原始图像输入信息，最左侧为黑点，最右侧为白点；纵轴代表调色后的输出信息，最下方为黑点，最上方为白点，当曲线的形状发生改变时，就代表图像的色彩信息经过重新映射。

　　① 曲线面板按钮：开启已进入曲线面板。

　　② 下拉菜单：切换不同的曲线模式的下拉菜单。

　　③ 全部重置按钮：单击该按钮可以把曲线面板中的所有调整全部重置。

　　④ 快捷菜单：在该菜单中可以找到修改曲线的一些命令。

　　⑤ 绑定按钮：当绑定按钮图标激活时，Y、R、G、B 4 个通道将一起变化；当绑定按钮图标关闭时，4 个通道可以单独调整。在绑定状态下，这种调色类似于色轮调整的旋钮操作，当增加对比度时，饱和度也会同时增加，反之亦然。在解锁状态下调整，调整 Y 的对比会带来饱和度的下降。

　　⑥ YRGB 通道按钮：单击相应的通道按钮，即可激活该通道的曲线。

　　⑦ YRGB 全部参数重置按钮：单击该按钮，可以把与其对应的参数重置。

　　⑧ YRGB 强度滑块：可以调整每个通道的强度信息。

　　⑨ YRGB 强度参数：双击或拖动这些参数可以调整通道的强度值，也可以双击参数，然后手动输入数值。

　　⑩ YRGB 重置按钮：单击该按钮可以把相应参数重置。

　　⑪ 柔化裁切重置按钮：单击该按钮重置柔化裁切的所有参数。

　　⑫ RGB 通道：针对哪个通道做柔化裁切就激活哪个通道。

　　⑬ RGB 绑定按钮：该按钮处于开启状态时，RGB 的柔化裁切操作是绑定的。关闭该按钮，可以对 RGB 通道的柔化裁切进行单独调整。

　　⑭ 柔化裁切参数组：低区，调整该数值可以裁切暗部的波形；高区，调整该数值可以裁切亮部的波形；低区柔化，调整该参数可以柔化暗部裁切的波形；高区柔化，调整该参数可以柔化亮部裁切的波形。图像的像素点过亮或过暗时，在亮度波形上就会被裁切掉。如果在 8bit 的调色环境中，这些像素就被设置为纯白或纯黑，如果一堆这样的点都被设置为纯白或纯黑，那么亮或暗部的细节就找不回来了，在 32bit 的调色环境下，这些信息虽然显示为已经被裁切了，但是仍然可以通过工具找回，那就是 DaVinci Resolve 14 的柔化裁切工具。

　　⑮ B 通道曲线：曲线形状表示输入亮度和输出亮度的对应关系，在图中可以看到 B 通道经过缩放后的黑点被拉高，白点被拉低。另外，曲线上的控制点位置说明其暗调变亮，亮调变暗。

　　⑯ 控制点：移动控制点可以修改曲线的形状，在曲线上单击可以增加控制点，右击控制点可以将其删除，按住【Shift】键可以在不改变曲线形状的前提下添加控制点。

　　⑰ 控制句柄：当曲线变成可编辑的样条曲线时，曲线的形状可以使用句柄进行调整。

　　⑱ YSFↄ 滑块：可以对每一个颜色通道进行缩放与反转，如图 5-2 所示。

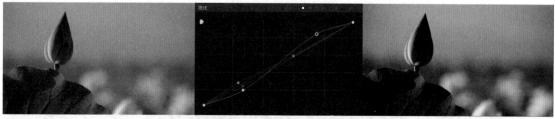

图 5-2

5.2.2　映射曲线

　　映射曲线是一种方便快捷的二级调色工具，包括【色相 VS 色相】、【色相 VS 饱和度】、【色相 VS 亮度 】、【亮度 VS 饱和度 】和【饱和度 VS 饱和度 】工具。VS 之前的词代表制作选区的方式，VS 之后的词代表对该选区做出的调整，例如，【色相 VS 饱和度 】就是用色相做选区，然后修改选区的饱和度，依此类推。

① 色相 VS 色相

【色相 VS 色相 】工具，是通过色相来做选区，然后调整该选区的色相。例如，画面中有红色的花朵，也有绿色的草，可以通过红色相来选择花朵，然后调整其色相，使之成为紫色。【色相 VS 色相 】面板如图 5-3 所示。

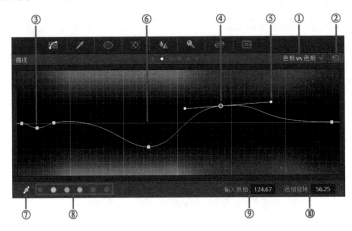

图 5-3

① 下拉菜单：切换不同的曲线模式的下拉菜单。

② 全部重置按钮：单击该按钮可以把曲线面板的所有调整全部重置。

③ 常规控制点：移动控制点可以修改曲线的形状，在曲线上单击可以增加控制点，右击控制点可以将其删除，控制点的横坐标代表输入色相，纵坐标代表色相旋转。

④ 样条线控制点：本控制点的功能与所示的常规控制点相同。

⑤ 控制句柄：单击所示的按钮可以把曲线变成可编辑样条线，在此模式下，曲线的形状可以使用句柄进行调整。

⑥ 基准线：当曲线与基准线完全重合时，就代表"色相 VS 色相"曲线不起作用，也可以据此判断不同色相的色相偏移情况。

⑦ 贝塞尔句柄按钮：单击该按钮将常规控制点切换为样条线控制点。

⑧ 六矢量颜色样本：系统预设的 6 种颜色选区，单击对应的色块即可在曲线上添加该选区。

⑨ 输入色相：输入色相表示控制点在色相环上的位置，例如，红色的输入色相为 256°，青色的输入色相为 76°，二者刚好相差 180°。

⑩ 色相旋转：指色相在色相轮上的偏移数值，取值范围是 -180°～180°，如图 5-4 所示。

图 5-4

2 色相 VS 饱和度

　　【色相VS饱和度】工具就是通过色相来创建选区，然后调整该选区的饱和度，其面板如图5-5所示。

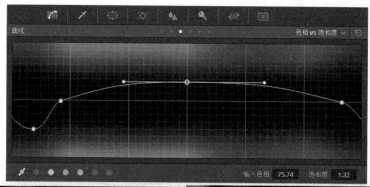

图 5-5

　　提示　　【色相VS饱和度】工具在实际工作中使用非常频繁，因为绝大多数场景都需要对特定颜色的饱和度进行调整。

3 色相 VS 亮度

　　【色相VS亮度】工具就是使用色相做选区，然后调整选区的亮度，其面板如图5-6所示。

图 5-6

提示 　【色相 VS 亮度】工具的使用频率不高，因为人眼对颜色的亮度信息非常敏感，对于大多数素材，调整稍有不慎就会出现瑕疵。该工具对素材品质要求很高，使用时一定要谨慎。

④ 亮度 VS 饱和度

【亮度 VS 饱和度】工具是通过图像的亮度做选区，然后调整选区的饱和度，其面板如图 5-7 所示。

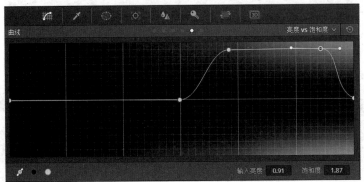

图 5-7

该工具不同于常规的饱和度参数调整，可以根据画面的亮部和暗部信息来调整饱和度，这样比整体增加或降低饱和度要更加细腻，如图 5-8 所示。

图 5-8

⑤ 饱和度 VS 饱和度

【饱和度 VS 饱和度】工具是通过饱和度来做选区，然后调整选区的饱和度，其面板如图 5-9 所示。

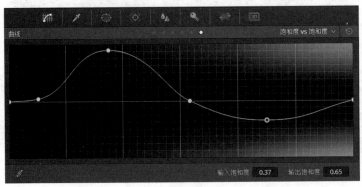

图 5-9

使用该工具可以让画面中饱和的颜色越饱和，反之亦然。当然也可以使用该工具将饱和度超标的颜色控制在合理范围内，如图 5-10 所示。

图 5-10

5.2.3 曲线调整实例

掌握曲线工具的原理和操作之后，通过实例来巩固所学知识，读者也可以通过对实例的学习来体会不同曲线工具的用法和技巧。在实际工作中，由于二级调色曲线工具在操作上简便快捷，效率很高，所以在很多情况下可以取代抠像后再调色的方法。

1 在时间线上添加几段素材，如图 5-11 所示。

图 5-11

2 切换到【调色】工作界面，选择第二个镜头，激活【曲线】面板，稍提高亮度和对比度，并且稍提升左下端绿色通道曲线，如图 5-12 所示。

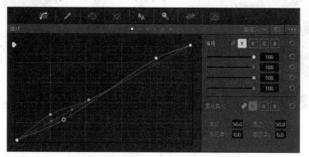

图 5-12

3 下面来对比一下提高亮度和对比度并增加了草地绿色的效果，如图 5-13 所示。

原素材　　　　　　　　　　　　　　　调色效果

图 5-13

4 激活【色相 VS 饱和度】曲线面板，用吸管在天空的蓝色区域取色，然后提升曲线上的控制点，这样就提高了天空中蓝色区域的饱和度，如图 5-14 所示。

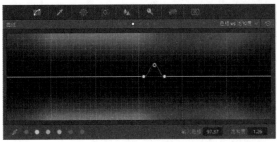

图 5-14

5 激活【饱和度 VS 饱和度】曲线面板，调整曲线形状，提高整体画面的饱和度，如图 5-15 所示。

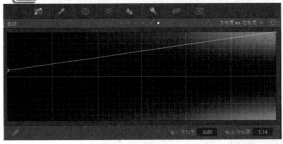

图 5-15

6 在示波器中查看波形图，如图 5-16 所示。

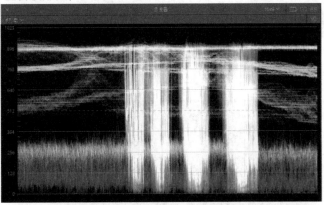

图 5-16

7 选择第一个镜头，查看波形图，如图 5-17 所示。

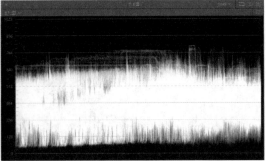

图 5-17

8 以刚才调整好的第二个镜头作为参考，激活自定义曲线面板，调整亮度曲线和绿色曲线，如图 5-18 所示。

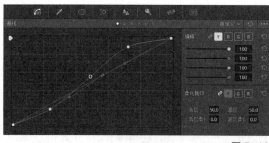

图 5-18

9 激活【色相 VS 色相】曲线面板，吸取天空的蓝色，然后改变天空的色相，如图 5-19 所示。

图 5-19

10 激活【色相 VS 亮度】曲线面板，提高天空的亮度，如图 5-20 所示。

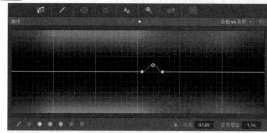

图 5-20

11 激活【亮度 VS 饱和度】曲线面板，按照亮度分布，提高整体的饱和度，如图 5-21 所示。

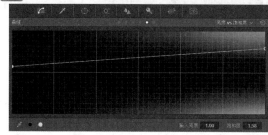

图 5-21

12 查看波形图，与"镜头 2"的波形图对比一下，重点是亮度信息，如图 5-22 所示。

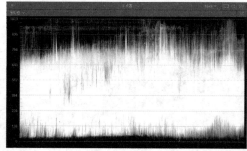
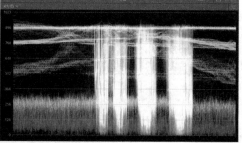

图 5-22

13 在节点视图中右击"节点 01",从弹出的快捷菜单中选择【添加一个串行节点】命令，自动添加"节点 02"，单击【窗口】图标添加一个椭圆遮罩，调整椭圆遮罩的大小和位置，包围左下角草地的区域，设置【柔化】参数，如图 5-23 所示。

图 5-23

14 激活【曲线】面板，降低亮度并稍减少蓝色，这样草地的颜色就看起来自然了，如图 5-24 所示。

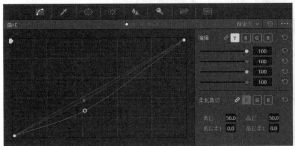

图 5-24

15 查看节点图和波形图，如图 5-25 所示。

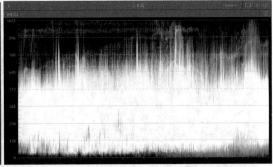

图 5-25

16 切换到【剪辑】工作界面，双屏对比显示源素材和调色后的效果，如图 5-26 所示。

图 5-26

17 选择第三个镜头，查看波形图，如图 5-27 所示。

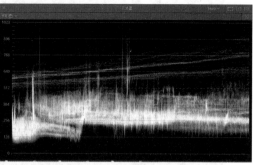

图 5-27

18 激活【自定义】曲线面板，调整 Y 曲线提高亮度和对比度，稍提高红色通道，如图 5-28 所示。

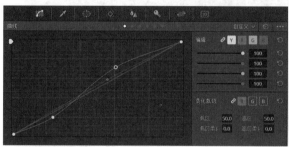

图 5-28

19 激活【色相 VS 亮度】曲线面板，用吸管在预览画面中比较亮的云层区域单击取色，如图 5-29 所示。

图 5-29

20 向上拖动控制点，稍提高选区的亮度，增强天空的层次感，如图 5-30 所示。

图 5-30

21 激活【亮度 VS 饱和度】曲线面板，提高亮部的饱和度，如图 5-31 所示。

22 添加一个串行节点，调整曲线的右上部分，提高天空的亮度，增加蓝色并降低红色，如图 5-32 所示。

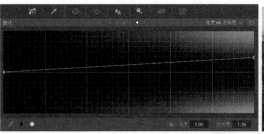

图 5-31

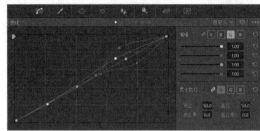

图 5-32

23 再添加一个串行节点，单击【窗口】图标，添加【渐变】限定器，设置参数，如图 5-33 所示。

图 5-33

24 激活【曲线】面板，稍降低高光区的亮度，如图 5-34 所示。

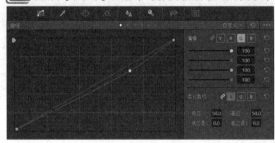

图 5-34

25 切换到【剪辑】工作界面，双屏对比显示原素材和调色后的效果，如图 5-35 所示。

图 5-35

26　选择第四个镜头，查看波形图，如图 5-36 所示。

图 5-36

27　延续前面的镜头，天空由蓝色变换成紫色，再到橙色。激活【曲线】面板，在【自定义】曲线面板中调整 Y 曲线成 S 形，提高亮度，降低暗部，从而增强对比度，如图 5-37 所示。

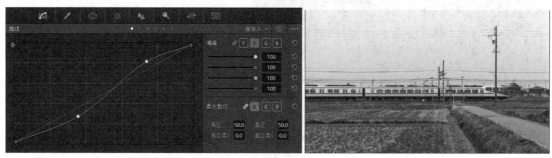

图 5-37

28　分别在红色和蓝色曲线上添加控制点，调整亮部曲线，如图 5-38 所示。

图 5-38

29　添加一个串行节点 02，激活【色相 VS 饱和度】曲线面板，用吸管选取绿色田野，然后提高该区域的饱和度，如图 5-39 所示。

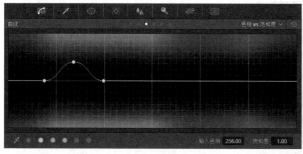

图 5-39

30　激活【色相 VS 亮度】曲线面板，用吸管吸取天空中比较亮的区域，如图 5-40 所示。

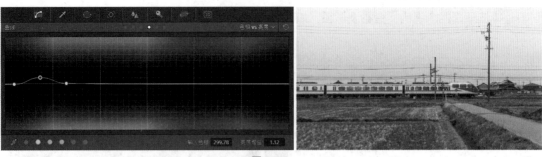

图 5-40

[31] 激活【亮度 VS 饱和度】曲线面板，提升亮部区域的饱和度，如图 5-41 所示。

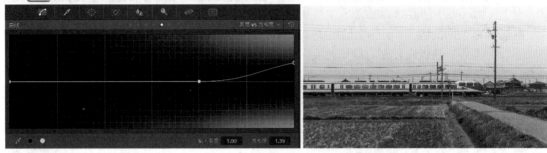

图 5-41

[32] 切换到【剪辑】工作界面，双屏对比显示原素材和调色后的效果，如图 5-42 所示。

图 5-42

[33] 切换到【调色】工作界面，拖动当前指针来回播放这 4 个镜头，查看波形图，判断相邻镜头之间亮度和色调是否协调。选择第四个镜头，激活第二个节点，调整【自定义】曲线，降低亮度，如图 5-43 所示。

图 5-43

[34] 选择第三个镜头，激活第三个节点，再添加一个串行节点，调整【自定义】曲线，提高中间调和高亮区的亮度，如图 5-44 所示。

图 5-44

35 再次通过波形图对比这 4 个镜头的亮度变化是否协调，如图 5-45 所示。

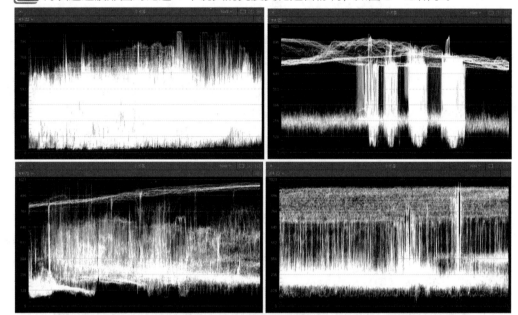

图 5-45

36 单击播放按钮▶，连续播放这一组镜头，查看调色后的效果，如图 5-46 所示。

图 5-46

最后一个镜头留给读者做练习。笔者完成的调色效果可以作为参考，如图 5-47 所示。

图 5-47

5.3 限定器

限定器在 DaVinci Resolve 14 中完全可以理解为抠像工具，用于隔离画面中你想获得的区域，而且具有很高的效率。DaVinci Resolve 14 中提供了 4 种限定器工具，分别是 HSL、RGB、亮度和 3D。由于抠像是依赖于色相、饱和度及亮度信息的，使用限定器工具获得选区无须跟踪或者设置关键帧。

5.3.1 HSL 限定器

DaVinci Resolve 14 限定器的界面简单直观，其默认的限定器模式是 HSL。在很多情况下使用 HSL 限定器抠像并不能马上获得精确的效果，但是 HSL 限定器面板上有很多可调控的参数，通过调整这些参数可以获得比较精准的选区，如图 5-48 所示。

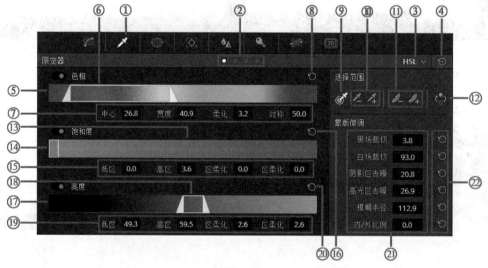

图 5-48

① 限定器图标：单击该图标可以进入限定器面板。

② 标签页切换按钮：单击这些白点可以在不同限定器标签页中切换。

③ 下拉菜单：其中有 HSL、RGB、亮度和 3D，通过选择不同的菜单命令，可以进入不同的限定器模式。

④ 全部重置按钮：单击该按钮可以把限定器的参数全部重置。

⑤ 色相条：色相条显示了完整的色相图谱。

⑥ 色相范围指示器：该指示器指出了抠像区域的色相分布情况。

⑦ 色相参数：包括中心、宽度、柔化和对称几个选项。

⑧ 色相重置按钮：单击该按钮可以重置色相储存的全部参数。

⑨ 采样吸管：单击吸管进入采样模式，然后在监视器中可以看到吸管图标，在想要抠取的颜色上点按或者拖动，就可以获得初步的"键"。

⑩ 减去 / 添加颜色：激活"减去颜色"吸管，在监视器中使用吸管工具单击或划取不需要的颜色，可以将其从选区中删除；激活"添加颜色"吸管，在监视器中使用吸管工具，单击或划取想要添加的颜色，可以将其加入选区。

⑪ 减去 / 添加柔化：激活"减去柔化"按钮，在监视器中使用吸管工具单击或划取选区边缘，可以减去柔化；激活"添加柔化"按钮，在监视器中使用吸管工具单击或划取选区边缘，可以添加柔化。

⑫ 反向按钮：单击该按钮可以让选区反向。

⑬ 饱和度条：左侧代表低饱和度，右侧代表高饱和度。

⑭ 饱和度范围指示器：该指示器显示了抠像区域的饱和度分布情况。

⑮ 饱和度参数："低区"表示选区包含的最低饱和度数值，"高区"表示选区包含的最高饱和度数值，"低区柔化"表示低饱和度边缘的柔化值，"高区柔化"表示高饱和度边缘的柔化值。

⑯ 饱和度重置按钮：单击该按钮可以重置饱和度组件的全部参数。

⑰ 亮度条：左侧代表低亮度，右侧代表高亮度。

⑱ 亮度范围指示器：该指示器显示了抠像区域的亮度分布情况。

⑲ 亮度参数："低区"表示选区包含的最低亮度数值，"高区"表示选区包含的最高亮度数值，"低区柔化"表示低亮度边缘的柔化值，"高区柔化"表示高亮度边缘的柔化值。

⑳ 亮度重置按钮：单击该按钮可以重置亮度组件的全部参数。

㉑ 蒙版微调参数组："黑场裁切"默认值为 0，代表纯黑，如果增加此数值到 20，则"键"中亮度为 20 的颜色变为纯黑；"白场裁切"默认值为 100，代表纯白，如果降低此数值到 80，则"键"中亮度为 80 的颜色变为纯白；"阴影区去噪"可以对"键"中的阴影区进行降噪处理；"高光区去噪"可以对"键"中的高光区进行降噪处理；"模糊半径"对"键"进行模糊处理，让其边缘更柔和；"内 / 外比例"对"键"进行收边或扩边操作。

㉒ 参数重置按钮：单击该按钮，可以将其对应的参数重置。

 也可以关闭 HSL 限定器中的某些组件，例如，只使用色相、饱和度或者亮度来进行抠像。

在下面的素材中吸取花朵中的粉色，然后调整限定器参数，如图 5-49 所示。

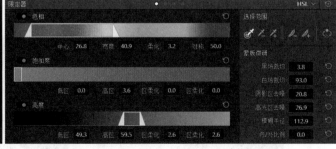

图 5-49

在监视器中单击左上角的【突出显示】按钮 ，可以很方便地查看准备进行调色的选区，如图 5-50 所示。

为了更清楚地查看选区范围和边缘情况，单击监视器右上角的【突出显示黑／白】按钮 ◑，如图 5-51 所示。

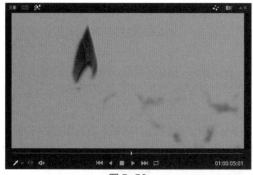

图 5-50   图 5-51

激活【曲线】面板，在【自定义】曲线面板中调整亮度、红色和绿色通道的曲线，如图 5-52 所示。

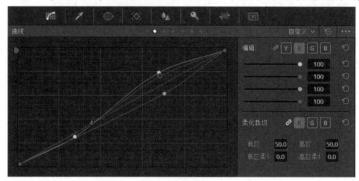

图 5-52

在【剪辑】工作界面中双屏对比显示原素材和调色后的效果，如图 5-53 所示。

图 5-53

为了使效果更好，再添加一个串行节点，稍降低 Gamma 值为 -0.03 和提高 Gain 的值为 1.28，如图 5-54 所示。

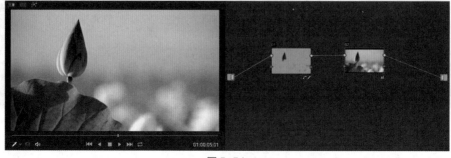

图 5-54

5.3.2 RGB 限定器

RGB 限定器是通过指定图像的 RGB 通道范围来隔离颜色的，对连续成块儿的颜色进行抠像时速度较快。RGB 限定器并不是一种直观的抠像模式，与 HSL 限定器的抠像模式有很大的差异。RGB 限定器面板如图 5-55 所示。

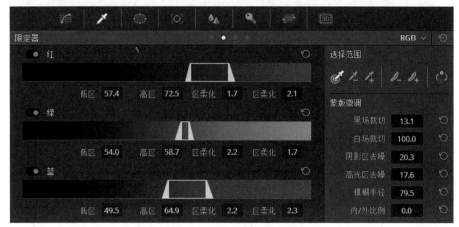

图 5-55

5.3.3 亮度限定器

亮度限定器通过亮度通道信息来提取"键"。亮度限定器相当于把 HSL 限定器中的色相和饱和度组件关闭。亮度限定器的作用超乎想象，它可以很方便地提取画面中的高光区、中间调和阴影区。不过要注意，在使用亮度限定器对压缩视频（例如，4：2：2 或者 4：2：0 压缩的视频）进行抠像时可能会带来很多的锯齿，因此，需要适当地增加柔化参数。亮度限定器面板如图 5-56 所示。

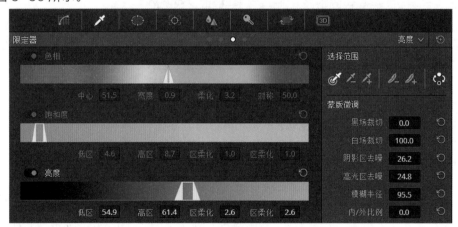

图 5-56

5.3.4 3D 限定器

3D 限定器是达芬奇高版本中一种全新类型的抠像工具，是基于由 R、G、B 3 种颜色构成的色域立体图来进行抠像处理的，其抠像原理和其他 3 种限定器的抠像原理不同。使用 3D 限定器抠像是一种非常简便直观的方式，只需在画面上想要抠出的颜色上绘制蓝色线条即可，也可以通过绘制红色线条把不想要的区域去掉。3D 限定器面板如图 5-57 所示。

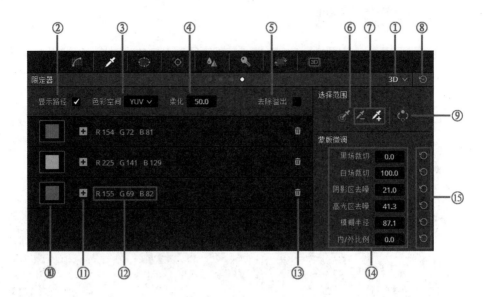

图 5-57

① 下拉菜单：其中有 HSL、RGB、亮度和 3D 几个菜单，通过选择不同的菜单命令，可以进入不同的限定器模式。

② 显示路径：在监视器中显示和关闭图像是灰色的路径。

③ 色彩空间：选择使用 YUV 颜色空间还是 HSL 颜色空间。

④ 柔化：设置抠像结果的柔化值参数，越大越柔和，默认值为 50。

⑤ 去除溢出：当抠取带有蓝色背景或绿色背景的画面时，背景颜色有可能会溢出到画面主体上，例如，人的面部和头发边缘，那么使用该工具可以直接去除溢出的颜色。

⑥ 采样吸管：单击吸管进入采样模式，然后在监视器中也可以看到吸管图标，在想要抠取的颜色上拖动，会看到一条蓝色的路径，则代表想要提取这块颜色。

⑦ 减去 / 添加颜色：激活"减去颜色"吸管，在监视器中使用吸管工具划取不需要的颜色，可以将其从选区中删除，绘制的路径显示为红色；激活"添加颜色"吸管，在监视器中使用吸管工具划取想要添加的颜色，可以将其加入选区，绘制的路径显示为蓝色。

⑧ 全部重置按钮：单击该按钮可以把限定器的参数全部重置。

⑨ 反向按钮：单击该按钮，可以让选区反转。

⑩ 颜色样本：颜色样本显示了要抠取的是哪种颜色。

⑪ 加减号标记：加号标记代表该颜色是想保留的，减号标记代表该颜色是想去除的。

⑫ 颜色数值：颜色样本的 RGB 数值。

⑬ 删除图标：单击该图标可以把颜色样本进行删除。

⑭ 蒙版微调参数区："黑场裁切"默认值为 0，代表纯黑，如果增加此数值到 20，则"键"中亮度为 20 的颜色变为纯黑；"白场裁切"默认值为 100，代表纯白，如果降低此数值到 80，则"键"中亮度为 80 的颜色变为纯白；"阴影区去噪"可以对"键"中的阴影区进行降噪处理；"高光区去噪"可以对"键"中的高光区进行降噪处理；"模糊半径"对"键"进行模糊处理，让其边缘更柔和；"内 / 外比例"对"键"进行收边或扩边操作。

⑮ 重启按钮：单击该按钮可以将其对应的参数重置。

比如，我们要在下面的素材中选取花朵中的粉色，然后调整限定器参数，如图 5-58 所示。

在监视器中单击左上角的【突出显示】按钮 ▨ ，可以很方便地查看准备调色的选区，如图 5-59 所示。

图 5-58

为了更清楚地查看选区范围和边缘情况，单击监视器右上角的【突出显示黑 / 白】按钮 ，如图 5-60 所示。

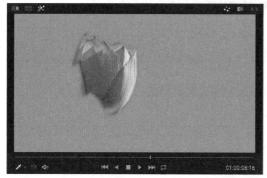

图 5-59

图 5-60

激活【曲线】面板，在【自定义】曲线面板中调整亮度、红色和绿色通道的曲线，如图 5-61 所示。

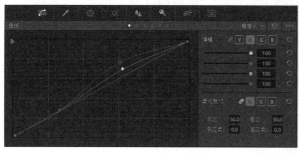

图 5-61

5.4　窗口应用

窗口是辅助二级调色的重要工具，可以绘制矩形、椭圆形、多边形、曲线和渐变窗口设定选区，通过调整其形状和羽化进一步获得非常精确的选区。如果需要隔离画面中具有几何形状特征的区域进行调色，那么使用窗口工具是非常方便的，例如，使用椭圆形工具对人物的面部进行调色，或者使用曲线工具对形状不规则的天空进行调色处理。窗口工具的不便之处在于，如果窗口覆盖区域的特征区域是运动的，那么窗口必须随之移动。幸运的是，DaVinci Resolve 14 拥有快捷而精确的跟踪工具帮你解决后顾之忧。

5.4.1　窗口面板

【窗口】面板的绝大部分范围被窗口列表所覆盖，右侧是窗口的变换参数和柔化参数，另外，窗口也支持创建和读取预设，如图 5-62 所示。

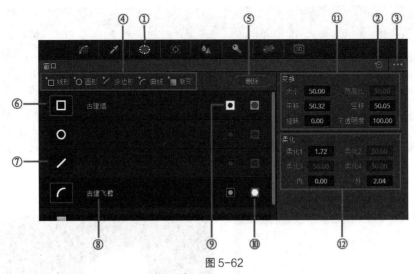

图 5-62

① 窗口图标：单击该图标进入【窗口】面板。

② 全部重置按钮：单击该按钮可以把【窗口】面板的所有参数重置。

③ 快捷菜单：在快捷菜单中可以找到常用的命令。

④ 增加新窗口按钮区：在这里可以为一个节点添加更多的窗口，默认情况下，一个节点只有 5 个窗口。

⑤ 删除按钮：单击该按钮可以把不需要的窗口预设删除。

⑥ 激活窗口：激活的窗口图标边缘会显示橘红色的圆角矩形框。

⑦ 未开启的窗口：未被开启的窗口其边缘没有橘红色的圆角矩形框。

⑧ 窗口名称：为窗口命名。

⑨ 反向按钮：单击该按钮可以把窗口选区反向。

⑩ 遮罩按钮：单击该按钮可以把窗口设置为遮罩，这在进行窗口之间的布尔运算是非常有用的。

⑪ 变换参数值：这里可以调整窗口的位置、大小、旋转、倾斜和不透明度等信息。

⑫ 柔化参数组：在这里可以调整窗口的边缘柔化。注意，针对不同的窗口类型，尺寸的参数也会有所不同。

5.4.2 窗口形状控制

无论是选择默认的窗口形状还是手动绘制的窗口，创建之后都可以轻松地调整形状。比如，在【窗口】面板中单击圆形窗口图标，就会自动添加一个圆形蒙版，如图 5-63 所示。

图 5-63

当移动鼠标光标放置于圆形控制点上方时，光标变成移动模式，这时就可以移动控制点的位置，改变圆形蒙版的形状，如图 5-64 所示。

图 5-64

如果光标不是放置在控制点的上方，而是圆形蒙版的空白区域，就可以移动整个蒙版，如图 5-65 所示。

图 5-65

相应的在【变换】选项组中也改变了数值，如图 5-66 所示。

当把光标放置于椭圆形蒙版轴心点的句柄上，就变成了旋转模式，然后拖动鼠标可以调整蒙版的角度，如图 5-67 所示。

当把光标放置于蒙版控制框的边角位置，可以进行等比或非等比缩放，如图 5-68 所示。

图 5-66

图 5-67

图 5-68

如果将光标放置于最外围的细线红色控制点上，可以调整蒙版的柔化，如图 5-69 所示。

单击监视器左上角的【突出显示】按钮，可以很明显地查看选区边缘的柔化情况，当然在【柔化】选项组中也有相应的数值变化，如图5-70所示。

不同的蒙版形状，控制点的操作方法都是一样的，除了圆形蒙版控制点都是对称改变外，矩形和多边形蒙版都可以单独调整任一控制点的位置，从而更自由地改变形状，如图5-71所示。

包围矩形的柔化区可根据具体情况而调整成各个边是不一样的，如图5-72所示。

在二级调色过程中，经常需要形状不规则的区域，要使用多边形或曲线窗口工具绘制多边形蒙版，如图5-73所示。

图 5-69

图 5-70

图 5-71

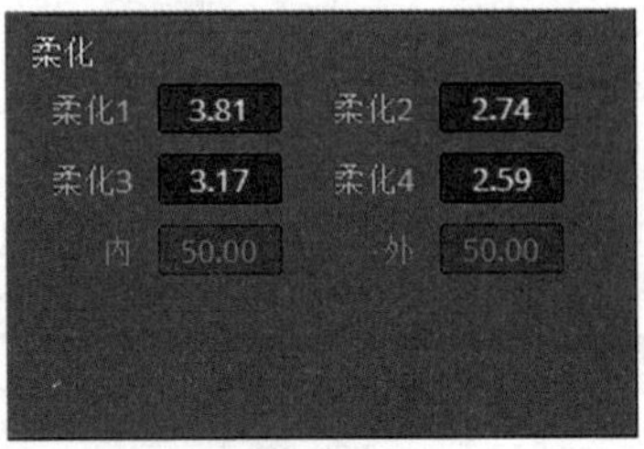

图 5-72

如果只是移动控制点的位置，或者移动、旋转和缩放整个蒙版，跟前面讲的圆形控制方法相同。

多边形控制点有多种样式，既可以是形成光滑曲线的 Bezier 点，也可以是形成直线的角点。通过调整 Bezier 点的句柄可以改变曲线的形状，如图5-74所示。

图 5-73

图 5-74

根据形状的复杂程度可以随时添加控制点，以很好地匹配要绘制的选区。将光标放置于控制点上可以移动控制点，而将光标放置于曲线上，单击即可添加控制点，如图5-75所示。

图 5-75

　　添加了新的控制点，就可以调整位置或句柄改变曲线的形状，如图 5-76 所示。

　　如果要删除多余的控制点，只需在该控制点上按中键，如图 5-77 所示。

　　在绘制曲线多边形时，可以直接创建角点或者 Bezier 点（带有方向句柄）的控制点，这两种控制点是可以转换的。比如，要将多边形顶部的一个 Bezier 点转变成角点，按住【Alt】键双击该控制点即可，如图 5-78 所示。

图 5-76

图 5-77

图 5-78

　　如果要将一个角点转变成 Bezier 点，按住【Alt】键单击该点并拖动鼠标，只需移动一小段距离即可看到句柄，这样角点就变成了 Bezier 点，如图 5-79 所示。

图 5-79

多边形窗口的柔化并不是在绘制的同时自带的，而是通过【柔化】参数面板来设置的，如图 5-80 所示。

图 5-80

为了更好地查看蒙版边缘的柔化情况，可以单击监视器左上角的【突出显示】按钮和右上角的【突出显示黑 / 白】按钮，以灰度图形式配合参数面板，更方便调整柔化边缘，如图 5-81 所示。

5.4.3 窗口的布尔运算

当对一个节点同时添加多个窗口时，可以对这些窗口进行复合操作，以制作复杂的选区，可以开启或关闭窗口的遮罩模式来改变窗口的模式，这样即可对多个窗口进行布尔运算，即交集、并集和补集操作。

图 5-81

例如，下面的镜头想调整古建的亮度，而不影响人物和大树，可执行如下操作。

1 围绕古建绘制一个多边形，如图 5-82 所示。

图 5-82

2 激活【突出显示】按钮，再激活【突出显示黑白】按钮，查看选区，如图 5-83 所示。

图 5-83

3 单击【突出显示】按钮，返回正常的监视器显示状态，调整【一级校色轮】面板中的参数，降低 Gamma 旋钮，提升 Gain 旋钮，如图 5-84 所示。

图 5-84

4 添加一个多边形，单击【曲线】按钮，添加一个曲线限定器，命名为"人物"，如图 5-85 所示。

图 5-85

5 在监视器画面中围绕人物绘制选区，如图 5-86 所示。

图 5-86

6 单击窗口列表中"人物"对应的【遮罩】图标，如图 5-87 所示。

图 5-87

7 激活【突出显示】按钮，从黑白显示的蒙版图中可以看到人物区域已经变成黑色，如图 5-88 所示。

图 5-88

8 上面的蒙版表明原来古建的选区中已经减掉了人物的选区，接下来需要更精细地调整人物选区的形状和参数，如图 5-89 所示。

 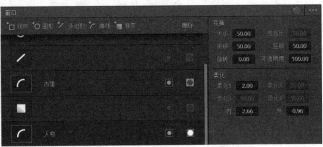

图 5-89

9 使用同样的方法参照大树的轮廓创建一个曲线多边形，如图 5-90 所示。

 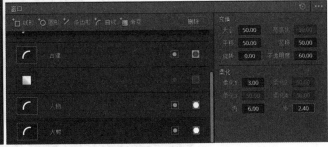

图 5-90

10 激活【突出显示】按钮，因为调整了该蒙版的【不透明度】数值，在黑白图中显示灰色，这样，所进行的调整对大树部分的作用强度就是 60%，如图 5-91 所示。

11 单击【突出显示】按钮，返回正常显示模式，查看调色后的效果，如图 5-92 所示。

图 5-91　　　　　　　　　　　　　　　　　图 5-92

12 在节点视图中添加一个校正器节点，如图 5-93 所示。

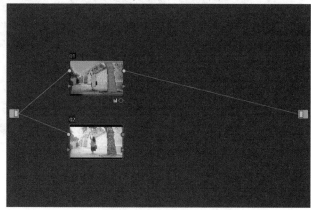

图 5-93

13 激活"节点 01"，在窗口列表中选择"人物"并复制窗口，如图 5-94 所示。

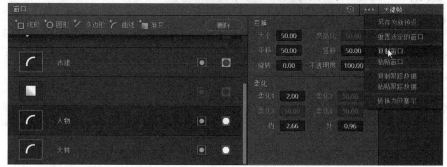

图 5-94

14 在节点区激活"节点 02"，并粘贴窗口，如图 5-95 所示。

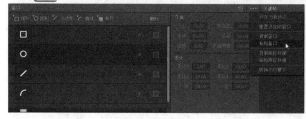

图 5-95

15 在节点视图的"节点 02"缩略图中，可以查看人物的选区情况，如图 5-96 所示。

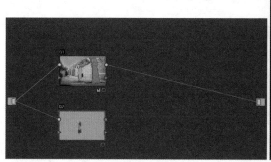

图 5-96

16 添加一个图层混合器节点，连接"节点 01"和"节点 02"的输出端，并设置【合成模式】为【柔光】，如图 5-97 所示。

图 5-97

[17] 选择 "节点 02"，调整一级校色条，提升 Gain 的亮度和绿色通道，使女子上衣更加鲜亮，如图 5-98 所示。

图 5-98

[18] 使用一个渐变限定器，继续调整右上角天空的部分。首先添加一个校正器节点，连接输入端，调整自定义曲线，如图 5-99 所示。

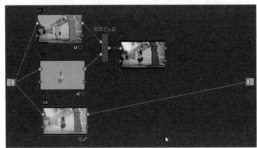
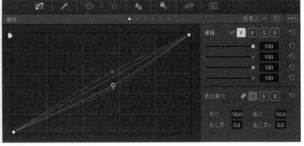

图 5-99

[19] 在【窗口】面板中激活渐变限定器，调整渐变位置和半径等参数，如图 5-100 所示。

图 5-100

[20] 选择图层混合器节点，添加一个串行节点，然后添加一个图层混合器节点，连接输入端，并设置【合成模式】为【深色】，如图 5-101 所示。

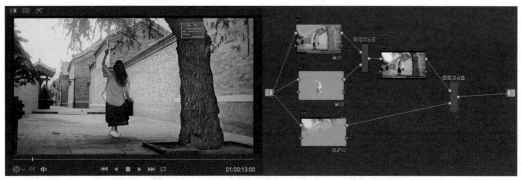

图 5-101

21 选择图层混合器节点，添加一个串行节点，调整一级校色轮，降低 Gamma 旋钮以改变色相，稍提升 Gain 旋钮，如图 5-102 所示。

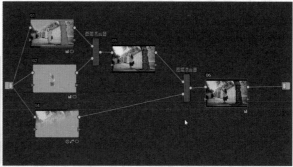

图 5-102

22 选择"节点 06"，添加 3D LUT 组 wzx 组中的 The Spartans 项，如图 5-103 所示。

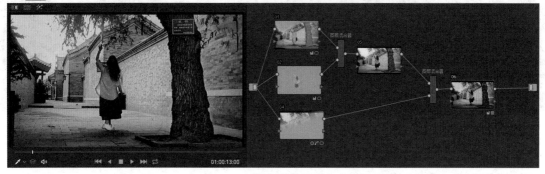

图 5-103

23 切换到【剪辑】工作界面，双屏对比显示原素材和调色后的效果，如图 5-104 所示。

图 5-104

5.4.4 窗口运动控制

窗口不仅可以调整形状，还可以调整位置、大小、旋转和不透明度，并可以记录关键帧，这就方便了选区的变换。以下面一个调整古建摇镜头的天空为例进行讲解，因为镜头是运动的，天空的区域也是变化的。

1 围绕天空的轮廓添加一个窗口，并设置窗口参数，如图 5-105 所示。

图 5-105

2 激活【曲线】面板，调整自定义曲线的形状，降低左上角天空的亮度和增加蓝色调，如图 5-106 所示。

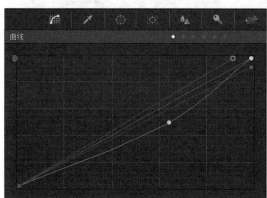

图 5-106

3 拖动当前指针，查看镜头内容，在该镜头前面的两秒内天空区域是变化的，如图 5-107 所示。

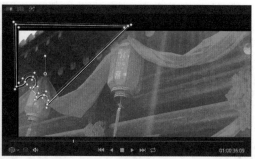

图 5-107

4 单击关键帧按钮，激活【关键帧】面板，展开【校正器 1】选项组，激活 PowerCurve 左侧的关键帧按钮，自动记录关键帧，如图 5-108 所示。

5 拖动当前指针到 1 秒 04 帧，移动窗口的位置，自动添加一个关键帧，如图 5-109 所示。

6 拖动当前指针到 2 秒 04 帧，移动窗口的位置，再添加一个关键帧，如图 5-110 所示。

图 5-108

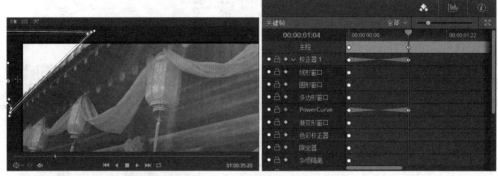

图 5-109

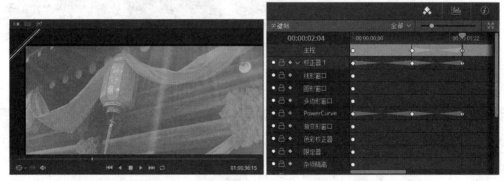

图 5-110

[7] 来回拖动当前指针，查看窗口和天空区域匹配的情况。拖动当前指针到 15 帧，移动窗口的位置，再添加一个关键帧，如图 5-111 所示。

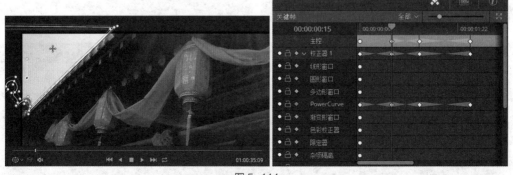

图 5-111

[8] 为了让窗口和天空区域匹配得更好，需要调整一下窗口的形状。单击【跟踪器】按钮，

展开【跟踪器】面板，如图 5-112 所示。

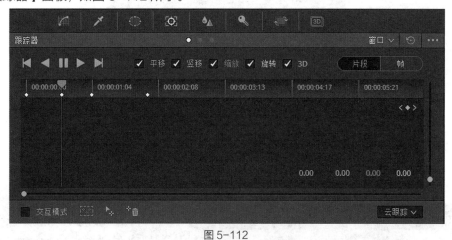

图 5-112

9 当前指针在 15 帧，也就是第二个关键帧位置，调整窗口形状，此时并不会增加关键帧，只是对当前关键帧进行了修改，如图 5-113 所示。

10 单击下一关键帧 ▶ 按钮跳到下一个关键帧，也就是 1 秒 04 帧位置，调整窗口形状，如图 5-114 所示。

11 拖动当前指针到 1 秒 16 帧，调整窗口形状，添加一个关键帧，如图 5-115 所示。

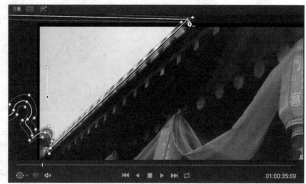

图 5-113

12 在【跟踪器】面板和【关键帧】面板中可以查看新添加的关键帧，如图 5-116 所示。

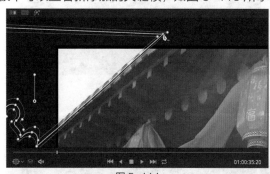

图 5-114

图 5-115

图 5-116

13　通过添加多个关键帧，随着天空区域的变化而不断改变窗口的形状和位置，从而达到选区完美的匹配。

14　在【关键帧】面板中右击，在弹出的快捷菜单中包含了多种关键帧的操作命令，如图 5-117 所示。

15　下面区分一下静态关键帧和动态关键帧，刚才我们为窗口添加的都是动态关键帧，虽然在 54 帧的长度里只添加了 4 个关键帧，却能保证窗口变化与天空区域的匹配。如果将第二个关键帧设定为静态关键帧，我们看看窗口的变化是怎样的。在 PowerCurve 对应的第二个关键帧上右击，在弹出的快捷菜单中选择【更改为静态关键帧】命令，关键帧的形态也发生了变化，如图 5-118 所示。

图 5-117

图 5-118

16　向后拖动当前指针，查看窗口的变化情况，发现窗口并没有跟随天空区域而变化，如图 5-119 所示。

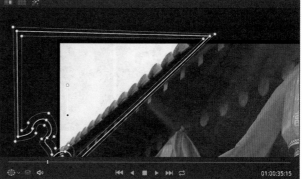

图 5-119

17　再次右击第二个关键帧，在弹出的快捷菜单中选择【更改为动态关键帧】命令，关键帧的形态发生了变化，再查看窗口与天空区域的匹配情况，如图 5-120 所示。

18　对于窗口的【大小】、【移动】和【旋转】都比较容易理解，调整【不透明度】的数值可以改变选区应用校色的强度。默认值为 100%，表示完全应用校色效果，如果调整数值为 0，则选区内的画面不应用校色，如图 5-121 所示。

19　如果调整窗口的【不透明度】数值为 50%，则该区域应用校色的强度为 50%，如图 5-122 所示。

图 5-120

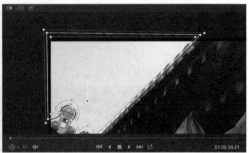

图 5-121

图 5-122

20 例如下面的镜头，透过大门口向里拍摄的光线过强，如图 5-123 所示。

图 5-123

21 创建两个窗口，选择白色的天空区域，如图 5-124 所示。

图 5-124

22 调整曲线,降低亮度和红色通道,稍提升蓝色通道,使惨白的天空呈现浅蓝色,如图 5-125 所示。

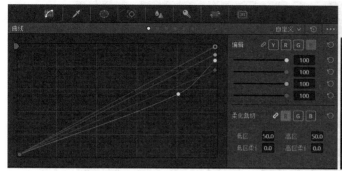

图 5-125

23 单击关键帧按钮 ⬙,展开【关键帧】面板,拖动当前指针到该片段的终点,右击【时间线】面板,在弹出的快捷菜单中选择【添加动态关键帧】命令,添加第一个关键帧,然后拖动时间线指针陆续添加关键帧,使选区与白色天空区域能很好地匹配,如图 5-126 所示。

24 单击监视器底部的【循环】按钮 ⬚,单击播放按钮 ▶,反复查看调色后的效果,如图 5-127 所示。

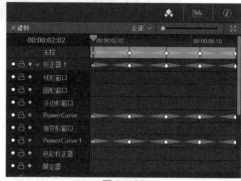

图 5-126

图 5-127

5.5 跟踪与稳定

DaVinci Resolve 14 拥有令人难以置信的方便且十分强大的跟踪功能,可以让各种窗口跟随画面中的移动物体进行移动、缩放、旋转甚至透视变形,这省去了手动制作关键帧的很多麻烦。【跟踪器】面板有两种模式,在【窗口】模式下,可以对窗口进行跟踪处理;在【稳定器】模式下,可以对整体画面进行稳定处理。

5.5.1 跟踪

DaVinci Resolve 14 可以跟踪对象的多种运动和变化,主要有平移、竖移、缩放、旋转和 3D 这 5 种,其中平移、竖移、缩放、旋转被简称为 PTZR。DaVinci Resolve 14 的【跟踪】面板主要被 PTZR 曲线图所占据,其他功能按钮分布在其四周。【跟踪器】面板的布局如图 5-128 所示。

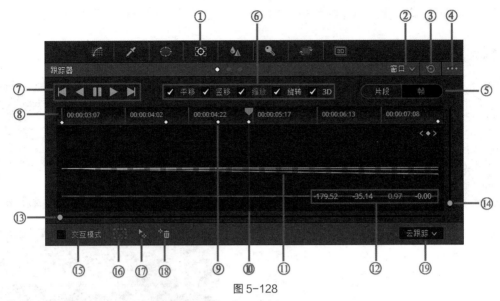

图 5-128

① 跟踪器面板图标：单击该图标进入跟踪器面板。

② 下拉菜单：包括窗口、稳定器和 F 人命令。

③ 全部重置按钮：单击该按钮可以把【跟踪器】面板的所有参数重置。

④ 快捷菜单：在快捷菜单中可以找到常用的命令。

⑤ 片段 / 帧：在【片段】模式下便于对窗口进行整体移动，在【帧】模式下可以对窗口的位置和控制点进行关键帧控制，便于进行 Roto 操作。

⑥ 跟踪类型：DaVinci Resolve 14 可以跟踪对象的多种运动和变化，主要有平移、竖移、缩放、旋转和 3D 这 5 种。

⑦ 跟踪操作区：该区域的图标和播放控制按钮非常相似，但二者的功能是不同的，从左至右依次是反向跟踪一帧、反向跟踪、停止跟踪、正向跟踪和正向跟踪一帧。

⑧ 时间码：时间标志上的时间码，便于用户查看播放指针的位置。

⑨ 关键帧：在特定位置设置关键帧，以记录窗口在此刻的位置和形状。

⑩ 播放指针：此处的播放指针和控制影片播放的播放器起到的作用相同。

⑪ PTZR 曲线：完成跟踪的时间段上会出现 PTZR 曲线，代表不同的数据变化。

⑫ PTZR 参数指标：此处显示播放指针位置的 PTZR 参数。

⑬ 横向缩放滑块：拖动该滑块可以缩放时间标尺。

⑭ 竖向缩放滑块：拖动该滑块可以纵向缩放 PTZR 曲线。

⑮ 交互模式开关：开启交互模式后，可以人工干预画面中的特征点集合。

⑯ 添加批量特征点按钮：单击该按钮可以在选定区域添加特征点。

⑰ 添加单个特征点按钮：单击该按钮可以添加单个特征点。

 注意

本功能需要官方调色台支持。

⑱ 删除特征点按钮：单击该按钮可以删除选定区域内的特征点。

⑲ 跟踪模式下拉菜单：包含两种跟踪模式——云跟踪和点跟踪。

下面的一个镜头是古建的摇镜头，在此需要对天空区域进行调整。

1 为城墙和古建飞檐分别添加窗口并设置参数，如图 5-129 所示。

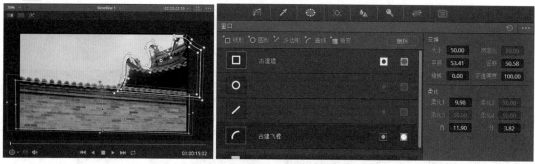

图 5-129

2 单击【突出显示】按钮查看选区，如图 5-130 所示。

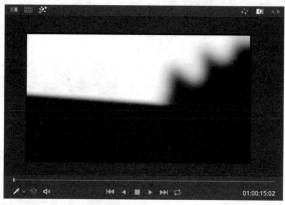

图 5-130

3 调整一级校色轮和自定义曲线，使天空获得蓝色调，如图 5-131 所示。

图 5-131

4 切换到【剪辑】工作界面，双屏对比显示原素材和调色效果，如图 5-132 所示。

图 5-132

但这个镜头是一个摇镜头，当拖动指针时天空区域是变化的而窗口不动，那么选区也就出现了错误，所以窗口需要跟随画面中相应的区域运动。

5 在窗口列表中选择曲线多边形窗口"古建飞檐"，拖动当前指针到该片段的起点，单击【跟踪器】图标，进入【跟踪器】面板，单击【正向跟踪】按钮，开始跟踪运算，如图 5-133 所示。

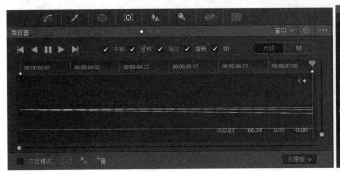

图 5-133

6 在该镜头中随着镜头的移动，本来包围古建飞檐的窗口就不能完全包围了，需要调整一下窗口的形状，如图 5-134 所示。

7 拖动当前指针，查看窗口跟随古建飞檐运动的情况，如图 5-135 所示。

8 使用同样的方法为窗口"古建墙"也进行跟踪，如图 5-136 所示。

9 调整窗口"古建墙"的形状，如图 5-137 所示。

图 5-134

图 5-135

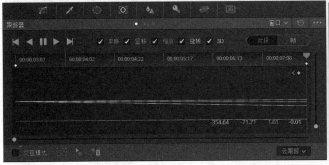

图 5-136

图 5-137

[10] 拖动当前指针，查看对天空区域进行调色后的效果，如图 5-138 所示。

图 5-138

 提示　反复查看校色效果，根据需要可以调整窗口的形状，甚至有必要设置窗口形状的关键帧。

5.5.2 稳定

在【稳定器】模式下，DaVinci Resolve 14 使用和跟踪模式相同的分析方法，但是其分析数据被用来稳定画面的运动。需要注意的是，先对画面进行分析后，再单击【稳定】按钮。【稳定器】界面如图 5-139 所示。

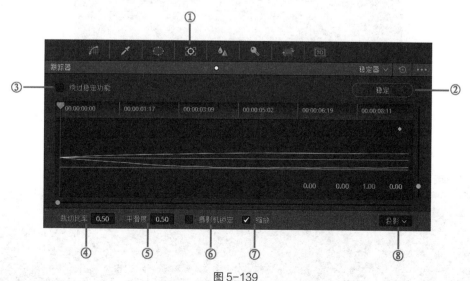

图 5-139

① 跟踪器面板：该模式下可以对限定器窗口的像素或设定的跟踪点进行跟踪，实现窗口的跟随运动或用作稳定处理。

② 稳定器模式：在此模式下可以对画面进行稳定操作。

③ 绕过稳定功能：该复选框可以打开或关闭稳定效果，进行稳定前后的对比。

④ 裁切比率：数值越低越能产生更好的稳定效果。

⑤ 平滑度：提高此数值，可以让稳定效果更平滑。

⑥ 摄影机锁定：勾选该复选框会让【裁切比率】和【平滑度】失效，会固定焦距创建一个固定镜头。

⑦ 缩放：稳定画面时，通常都需要勾选【缩放】复选框，这是为了防止画面因为出现黑边而穿帮。

⑧ 分析模式下拉菜单：投影，激活透视、平移、竖移、缩放和旋转分析与稳定；相似，激活平移、竖移、缩放和旋转分析与稳定，比如，透视分析导致不希望的运动；平移，激活平移和竖移分析与稳定，再如，只有人和丫轴向稳定才能获得理想的结果。

以一个草原镜头为例看一下稳定画面的流程。

1️⃣ 添加一个窗口，如图 5-140 所示。

图 5-140

2️⃣ 单击【正向跟踪】按钮，开始跟踪运算直到完成，如图 5-141 所示。

图 5-141

3️⃣ 激活【稳定器】界面，在底部设置稳定参数，如图 5-142 所示。

图 5-142

4️⃣ 单击右上角的【稳定】按钮，开始稳定分析，如图 5-143 所示。

图 5-143

5 当稳定分析结束后，单击播放按钮，即可看到稳定画面的效果。

6 还可以尝试一下固定镜头效果，勾选【摄影机锁定】复选框，如图 5-144 所示。

7 再次单击【稳定】按钮，重新进行稳定分析，很快分析就完成了，然后查看稳定后的画面效果，如图 5-145 所示。

下面再来看另一种跟踪稳定的方式。

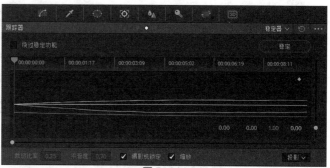

图 5-144

图 5-145

1 选择这个远山天空的镜头，添加一个窗口，如图 5-146 所示。

2 在【窗口】面板中设置跟踪参数，如图 5-147 所示。

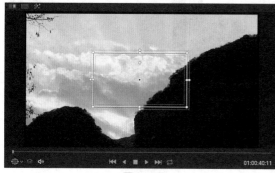

图 5-146　　　　　　　　　　　　　　　　图 5-147

3 拖动当前指针到该镜头的起点，单击【添加跟踪点】按钮，在监视器窗口中添加两个跟踪点，如图 5-148 所示。

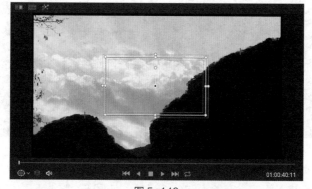

图 5-148

4 单击【正向跟踪】按钮，开始跟踪运算，如图 5-149 所示。

图 5-149

⑤ 激活【稳定器】界面，设置稳定参数，如图 5-150 所示。

图 5-150

⑥ 单击【稳定】按钮，待分析完成后，查看稳定画面的效果，如图 5-151 所示。

图 5-151

5.5.3 运动匹配

　　【稳定器】界面有一种传统的稳定器模式，是 12.5 版本之前一直沿用的，与前面讲述的【稳定器】界面有所区别，但功能是相近的，如图 5-152 所示。

图 5-152

下面仍然使用前面用过的草原镜头做一次传统稳定，如图 5-153 所示。

① 单击【正向跟踪】按钮，开始跟踪分析运算，如图 5-154 所示。

② 待分析完成后，可以看到 PTZR 曲线，如图 5-155 所示。

图 5-153

图 5-154

图 5-155

3 单击【稳定】按钮，即可在监视器中查看稳定后的镜头效果，的确消除了抖动。

下面讲述一个应用稳定分析创建运动匹配的效果。

1 在【剪辑】时间线上，将古建大门镜头放置在"轨道 2"上作为前景，将一个湖面镜头放置在"轨道 1"上作为背景，与古建大门镜头等长度，如图 5-156 所示。

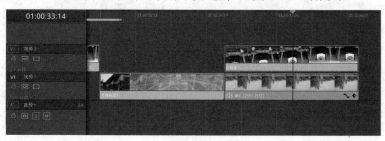

图 5-156

2 接下来需要做的就是抠出古建门后的白色天空，显露背后的湖面镜头，并跟随古建的摇镜头而移动，添加两个窗口并进行跟踪运算，如图 5-157 所示。

图 5-157

3 添加一个【Alpha 输出】节点，进行连接，如图 5-158 所示。

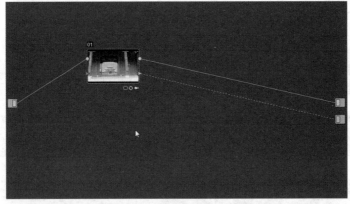

图 5-158

4 单击【键】按钮，打开【键】面板，调整参数，如图 5-159 所示。

图 5-159

5 激活【跟踪器】面板，复制跟踪数据，如图 5-160 所示。

图 5-160

6 在时间线上选择"轨道 1"中的湖面镜头,选择【传统稳定器】选项,粘贴跟踪数据,然后单击【稳定】按钮,如图 5-161 所示。

图 5-161

7 拖动当前指针,发现背景湖面并没有跟随古建大门的移动而动。调整【强度】为 -100,【平滑度】为 0,再次单击【稳定】按钮,重新进行稳定分析,拖动当前指针查看背景跟随前景运动的情况,如图 5-162 所示。

图 5-162

8 因为湖面和古建大门有很远的距离,摇镜头时湖面的运动应该比大门的运动要舒缓一些,调整【强度】为 -70,再次单击【稳定】按钮,如图 5-163 所示。

图 5-163

9 单击【调整大小】按钮,打开【调整大小】面板,设置【平移】和【竖移】参数,使背景中古塔的位置居中,如图 5-164 所示。

图 5-164

10 拖动当前指针查看背景跟随前景运动的最终效果，如图 5-165 所示。

图 5-165

5.6 键控制

静态图像和视频除了包括颜色信息的 RGB 通道外，还包括透明信息的 Alpha 通道。Alpha 通道通常由灰度图表示，其中白色部分代表完全不透明的区域，黑色部分代表完全透明的区域，灰色部分代表半透明区域。

在 DaVinci Resolve 14 中，"键"就是指 Alpha 通道，不管是抠像还是绘制蒙版都形成透明信息的通道，由此控制调色的区域。在节点上还可以输入其他节点的"键"或者外部"键"，"键"还经常被用来调整节点的透明度。【键】面板的布局如图 5-166 所示。

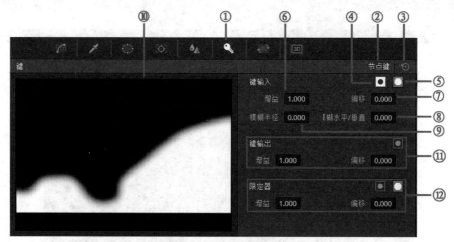

图 5-166

① 键面板图标：单击该图标可以进入【键】面板。

② 键类型：根据选择的不同节点类型，此处的键类型也将发生改变。

③ 全部重置按钮：单击该按钮可以重置【键】面板的所有参数。

④ 反向：反向模式可以将键反向。

⑤ 遮罩：遮罩模式可以让键成为遮罩（减法操作）。

⑥ 增益：提高增益的素质，将会让键的白点更白，降低增益值则相反，增益不影响键的纯黑色。

⑦ 偏移：偏移值可以改变键的整体亮度。

⑧ 模糊水平 / 垂直：控制模糊的方向，但是只能让模糊在横竖方向上变化。

⑨ 模糊半径：提高该值可以让键变模糊。

⑩ 键图示：可以直观地看到键的图像。

⑪ 键输出参数：包括增益和偏移两个数值项及反向按钮。

⑫ 限定器参数：包括增益和偏移两个数值项及反向和遮罩按钮。

下面以前面的古建镜头为例，讲解一下键的应用。本来已经添加了两个窗口并调整了天空部分的亮度和色调，如图 5-167 所示。

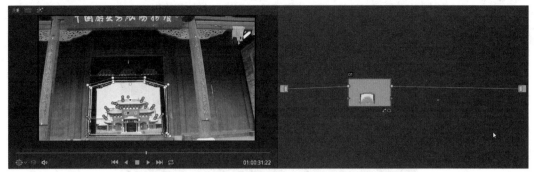

图 5-167

1 选择"节点 01"，单击键面板按钮，查看键的内容，白色区域代表天空选区，如图 5-168 所示。

2 添加一个校正节点，并进行连接，如图 5-169 所示。

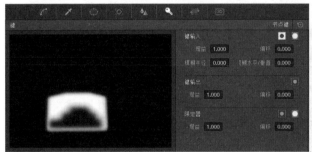

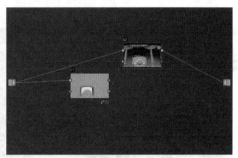

图 5-168　　　　　　　　　　　　　图 5-169

3 选择"节点 02"，在【键】面板中调整节点 02 的键参数，如图 5-170 所示。

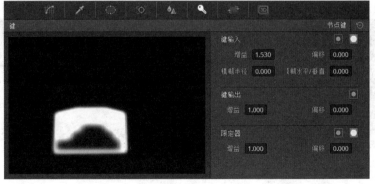

图 5-170

4 激活【曲线】面板，调整自定义曲线，稍降低高亮区和提升蓝色通道，如图 5-171 所示。

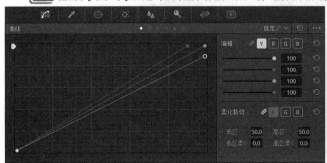

图 5-171

5 在节点视图中添加一个校正节点并进行连接，如图 5-172 所示。

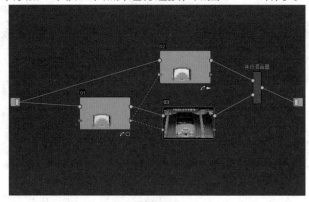

图 5-172

6 选择"节点 03"，查看键内容并调整键参数，如图 5-173 所示。

7 也可以在监视器顶部单击【突出显示】和【突出显示黑/白】按钮，查看键内容，如图 5-174 所示。

图 5-173

图 5-174

8 打开【一级校色轮】面板，降低 Gain 值，降低天空的亮度，如图 5-175 所示。

图 5-175

9 添加一个并行混合器节点，并进行连接，如图 5-176 所示。

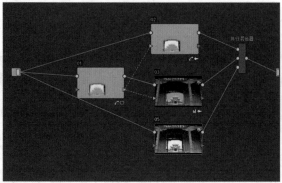

图 5-176

10 选择"节点 01"，激活【窗口】面板，选择窗口"门里"，选择【复制窗口】命令，如图 5-177 所示。

图 5-177

11 选择"节点 05"，选择【粘贴窗口】命令，并取消激活窗口"门里"对应的【遮罩】按钮，如图 5-178 所示。

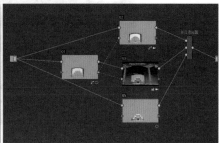

图 5-178

12 单击限定器吸管，在屋顶区域单击，将屋顶反射蓝色的区域作为选区，调整【蒙版微调】参数，如图 5-179 所示。

图 5-179

13 在【曲线】面板中调整自定义曲线，稍降低亮度和红色通道，稍提升蓝色通道，如图 5-180 所示。

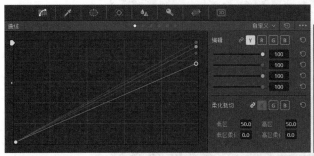

图 5-180

14 激活【键】面板，调整【键输出】参数，收缩选区，如图 5-181 所示。

图 5-181

15 选择"节点 01",在【曲线】面板中调整自定义曲线,稍降低红色并提升蓝色通道,如图 5-182 所示。

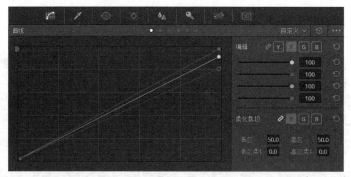

图 5-182

16 切换到【剪辑】工作界面,双屏对比显示源素材和校色效果,如图 5-183 所示。

图 5-183

17 接下来还可以继续进行调整,比如应用 LUT 等。选择并行混合器节点,添加一个串行节点,然后应用 3D LUT 组中 wzx 组中的 annihilater 选项,如图 5-184 所示。

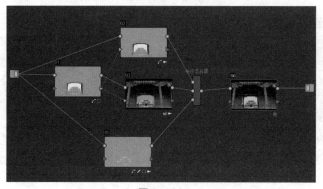

图 5-184

18 切换到【剪辑】工作界面，双屏对比显示源素材和校色效果，就有了年代特征的沧桑感觉，还是很不错的，如图 5-185 所示。

图 5-185

5.7 模糊

【模糊】面板中包括 3 种不同的操作模式，即模糊、锐化和雾化。当选择不同的模式时，控制面板的参数项会有所不同。默认模式为模糊，控制面板如图 5-186 所示。

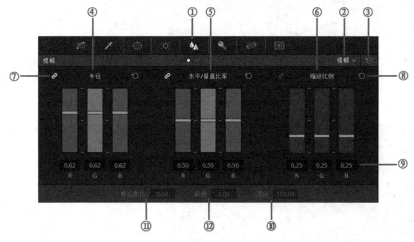

图 5-186

① 模糊面板按钮：单击该按钮打开【模糊】面板。

② 模糊面板模式选项：包含模糊、锐化和雾化 3 种模式。

③ 全部重置按钮：重置全部参数项。

④ 模糊半径：控制模糊程度，数值大于 0.5 使画面变模糊，数值小于 0.5 则使画面锐化。

⑤ 水平 / 垂直比率：选择方向性地应用模糊效果，数值大于 0.5 沿水平方向，数值小于 0.5 则沿竖直方向。

⑥ 缩放比例：锐化和雾化模式下可用项。

⑦ RGB 关联按钮：按激活与否来确定 RGB 是否同步变化。

⑧ 重置按钮：重置相应的参数。

⑨ RGB 数值：在红、绿、蓝色通道上调整模糊数值的显示。

⑩ 混合：雾化模式下可用项。

⑪ 核心柔化：柔化模式下可用项。

⑫ 级别：柔化模式下可用项。

下面来看一个延时镜头使用模糊效果的流程，内容是窗外小区的傍晚景色，已经进行了调色处理，如图 5-187 所示。

图 5-187

1️⃣ 选择最后一个节点，添加一个串行节点，然后单击【模糊】图标，打开【模糊】面板，调整半径值为 0.7，如图 5-188 所示。

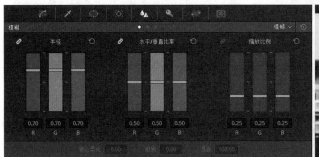

图 5-188

2️⃣ 添加一个椭圆形窗口来限定模糊的区域，如图 5-189 所示。

图 5-189

3️⃣ 再添加一个串行节点，如图 5-190 所示。

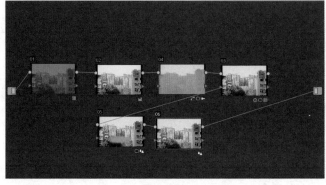

图 5-190

4 降低模糊半径的值，对画面行进锐化处理，如图 5-191 所示。

图 5-191

5 切换到【剪辑】工作界面，双屏对比显示源素材和调色处理的效果，如图 5-192 所示。

图 5-192

5.8 调整大小

除了前面讲述的在【剪辑】工作界面中调整画面的大小、旋转和翻转等变换属性外，在【调色】
工作界面中也有调整画面变换属性的面板，那就是【调整大小】面板，如图 5-193 所示。

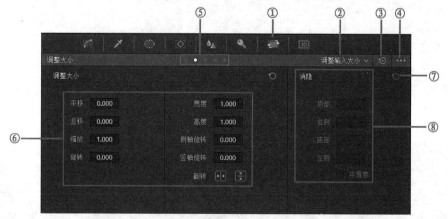

图 5-193

① 调整大小面板按钮：单击该按钮，将切换到【调整大小】面板。

② 调整输入大小模式选项：包括 5 种模式，即调整编辑大小、调整输入大小、调整输出大小、
调整节点大小和调整参考静帧大小。

【调整编辑大小】模式下可调整大小、平移、旋转、翻转、缩放、裁切和镜头校正等参数，相当于在【剪辑】工作界面的【检查器】面板中进行【变换】、【裁切】和【镜头校正】参数调整。

【调整输入大小】可以单独调整素材的大小参数。

【调整输出大小】用来调整整个时间上所有素材的大小参数。

【调整节点大小】类似于【调整输入大小】，不过可以应用限定器调整局部的大小参数。

【调整参考帧大小】用来调整参考帧的大小、位置和旋转等参数，方便画面比对。

③ 全部重置：单击该按钮，全部重置该面板的参数。

④ 快捷菜单按钮：单击该按钮，弹出快捷菜单。

⑤ 模式切换按钮：与模式选项下拉菜单相同。

⑥ 调整大小参数：其中均为调整大小的参数选项。

⑦ 重置按钮：单击该按钮，重置调整大小的参数，返回默认值。

⑧ 消隐参数设置：【调整输出大小】模式下可用。除【调整输入大小】模式外，还有【裁切】参数区。

下面应用调整节点大小来修补一下镜头。这是一个草原上马群奔跑的镜头，添加一个椭圆窗口，如图 5-194 所示。

图 5-194

 激活【调整节点大小】面板，设置参数，就如同复制了一个马群，如图 5-195 所示。

图 5-195

2 调整远处马群的亮度和色调，尽量与周边草地匹配，如图 5-196 所示。

图 5-196

3 激活【模糊】面板，调整【半径】的参数值，如图 5-197 所示。

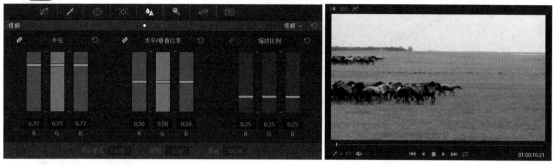

图 5-197

4 激活监视器底部的【循环】按钮，单击播放按钮，查看草原马群的镜头，如图 5-198 所示。

图 5-198

5.9 本章小结

本章主要讲解 DaVinci Resolve 14 中二级调色的方法，重点讲解了自定义曲线和映射曲线在取色和调色方面的技巧，针对限定器和窗口作为二级调色的利器更是使用大篇幅进行讲解，还详细讲述了跟踪稳定技巧、键控制、模糊锐化及调整大小的功能和使用方法。

第6章

节点操作

在众多的节点式软件中，达芬奇的节点类型并不复杂，在调色流程中能够发挥强大的功能，随着达芬奇的升级发展，节点的功能也越来越多，越来越强。

DaVinci Resolve 14 有 6 种节点类型，包括校正器、平行混合器、层混合器、键混合器、分离器及结合器，在【调色】工作界面的节点编辑器中，通过综合使用这些节点进行复杂的调色工作，甚至可以在 DaVinci Resolve 14 中完成一些的合成操作。

下面以一个中等复杂的节点网为例，简单介绍一下节点的基础知识，如图 6-1 所示。

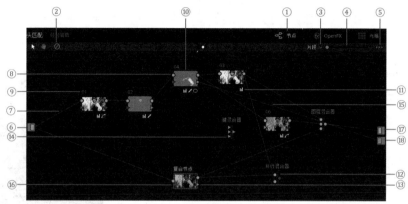

图 6-1

① 节点编辑器显示与隐藏图标：通过该图标可以显示和隐藏或隐藏节点编辑面板。

② 绕过所有调色按钮：单击该按钮，所有的节点调色信息都将被跳过，快捷键是【Shift+D】。

③ 下拉菜单：一般情况下，该菜单包括片段和时间线两种模式，片段是针对当前素材片段的，也就是说对该节点调色影像是单独的片段；时间线模式下，对节点的调色将会影响时间线上所有的素材片段，另外，等片段进行了群组之后，此处还有其他选项。

④ 缩放滑块：拖动滑块，可以放大或缩小节点缩略图的大小，另外，按住【Alt】键配合鼠标滚轮也可以缩放。

⑤ 快捷菜单：可以找到节点编辑的一些快捷命令。

⑥ 源图标：源图标有一个绿色的色块标记，代表素材片段的 RGB 信息。

⑦ RGB 信息连线：RGB 信息连线把 RGB 的信息从上游节点传递到下游节点。

⑧ RGB 输入输出图标：RGB 输入输出图标显示为绿色的圆点，在节点图标左侧代表 RGB 输入，在节点图标右侧代表 RGB 输出。

⑨ 节点编号：根据节点添加的先后顺序，达芬奇为每一个节点进行编号，编号并不是固定的，当添加或删除某些节点时，节点编号可能会变动。

⑩ 校正器节点图标：校正器节点是达芬奇中最基本、使用频率最高的节点。

⑪ 调色提示图标：对画面进行的一级调色和二级调色处理几乎都发生在校正器上，这些操作也反映在校正器图标下方的小图标上，例如，用限定器抠像后，校正器图标下方会出现吸管图标，绘制窗口之后会出现圆形选区图标，不一而足。

⑫ 并行混合器图标：并行混合器和层混合器是并联节点组装的必备节点。达芬奇不允许两个或多个节点同时连接到 RGB 输出图标上，必须先对并联节点进行组装，然后再输出。并行混合器采用加色模式组装颜色，层混合器的混合模式类似于 Photoshop 的叠加模式。

⑬ 键输入输出图标：键输入输出图标显示为蓝色的三角形。在节点左侧代表键输入，在节点右侧代表键输出。键输入输出传递的是 Alpha 信息。

⑭ 键混合器图标：键混合器是混合 Alpha 信息的，例如，一个节点抠取了红色，另一个节点抠取的绿色，键混合器就可以把红绿两个选区合并为一个选区。

⑮ Alpha 信息连线：Alpha 信息连线传递的是 Alpha 信息，也就是键控信息。这是一条虚线，传递 RGB 信息的是一条实线。

⑯ 复合节点图标：达芬奇的复合节点可以选择多个节点然后将它们复合，这样这几个节点只占据一个节点空间。

⑰ RGB 输出图标：RGB 输出图标有一个绿色的色块作为标记，代表 RGB 信息的最终输出。

⑱ Alpha 输出图标：Alpha 输出图标有一个蓝色的色块作为标记，代表 Alpha 信息的输出。当一个片段输出 Alpha 后，也就代表在轨道上拥有了 Alpha 信息。

通过以上讲解，读者可能会觉得达芬奇的节点很复杂，不过随着后期合成和调色工作经验的增多，会越来越好地理解和应用节点，下面针对这些节点分门别类进行详细的讲解。

6.2 串联节点与并联节点

为了帮助读者理解串联节点和并联节点的含义和功能，首先要弄明白串联和并联的含义。

在【媒体】工作界面中，把素材"美女古巷"从【媒体存储】面板添加到媒体池，在媒体池中该素材上右击，并在弹出的快捷菜单中选择【使用选定的片段创建时间线】命令，将时间线命名为"节点 01"，如图 6-2 所示。

双击时间线"节点 01"，在【剪辑】工作界面中打开该时间线，然后单击底部的【调色】按钮，进入【调色】工作界面，此时在【节点】工作区已经有了一个校正器节点，如图 6-3 所示。

执行主菜单【节点】|【添加串行节点】命令，这样会在编号为 01 的节点后面添加一个新节点，自动编号为 02，如图 6-4 所示。

图 6-2

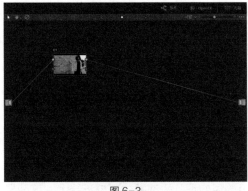

图 6-3

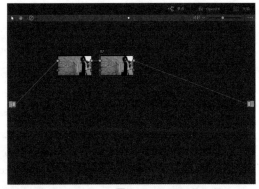

图 6-4

激活【限定器】面板，使用吸管工具吸取画面中古建上的红色区域，再添加椭圆形窗口排除人物嘴唇在选区之外，如图 6-5 所示。

图 6-5

在【色轮】面板中调整参数，此时红色变得比较鲜亮，如图 6-6 所示。

图 6-6

选择"节点 02"，再添加一个串行节点，节点编号为 03。在"节点 03"中古建的红色比较鲜亮，这是因为串联节点是上下游关系，上游节点的调色结果会传递到下游节点上，如图 6-7 所示。

图 6-7

双击"节点 02"的缩略图将其选中，选择主菜单【节点】|【添加并行节点】命令，添加一个与"节点 02"平行的节点，系统自动编号为 05，在预览窗口很容易分辨出画面中古建的红色偏灰偏脏，如图 6-8 所示。

图 6-8

通过上面的操作对比，不难理解串行节点和并联节点的区别。素材的颜色信息从"源"输出之后，向下游逐步传递，经过一个或多个节点的调整，最后输出到显示设备上。在串联模式下，上游节点受到上游节点的影响，"节点 02"红色变得鲜艳，那么"节点 03"接收的信息就是鲜亮的红色，而"节点 05"和"节点 02"是并联式关系，它们的信息都取自"节点 01"，因此"节点 05"的红色还是不鲜亮的。

在工作中，有的调色师喜欢一串到底，也就是所有的工作都是用串联节点完成，有的调色师喜欢串并结合，逻辑相对清楚一些。例如，使用 3 个并联节点来调整天空、树木和皮肤，如图 6-9 所示。

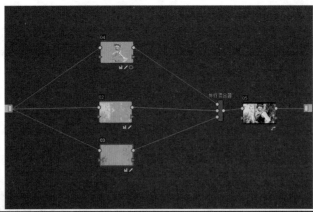

图 6-9

很难评价哪一种方式是最佳的，也不能以节点数量论高低。优秀的调色师三五个节点就能调得很不错，而有些调色师可能一个镜头做了 30 个节点还完不成。

6.3 平行节点与层混合器节点

平行节点与层混合器节点是并联节点组装的必备节点，达芬奇不允许两个或多个节点同时连接到 RGB 输出图标上，必须先对并联节点进行组装，然后再输出。那么使用平行节点组装和使用层混合器节点组装有什么区别呢？下面通过实例进行介绍。

1 在【媒体】工作界面中选择素材"古城燕飞"到媒体池，在媒体池中右击该素材图标，在弹出的快捷菜单中选择【使用选定的片段创建时间线】命令，然后双击该时间线图标，在【剪辑】工作界面中打开时间线，为素材添加【高斯模糊】滤镜，调整模糊强度到最大，如图 6-10 所示。

图 6-10

2 进入【调色】工作界面，添加带有圆形窗口的串行节点，在"节点 01"之后添加了一个新的节点，同时在监视器窗口中出现一个圆形窗口，如图 6-11 所示。

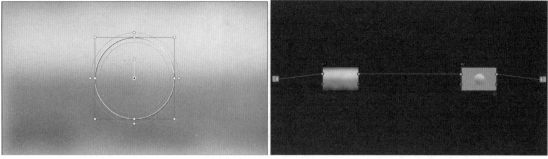

图 6-11

3 保持选择"节点 02"，添加并行节点，自动命名为"节点 04"，再添加一个并行节点，自动命名为"节点 05"，如图 6-12 所示。

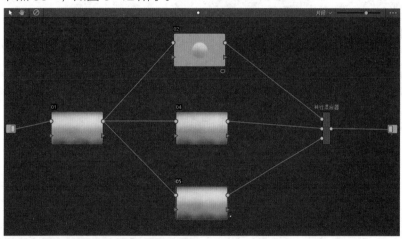

图 6-12

4 同样为"节点 04"和"节点 05"添加圆形窗口，如图 6-13 所示。

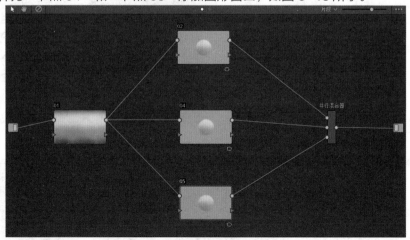

图 6-13

5 选择"节点 02"，设置圆形窗口的【柔化】值为 0，在【色轮】面板中向上拖动【偏移】组中的红色通道到最大值，如图 6-14 所示。

6 使用同样的方法调整"节点 04"和"节点 05"的圆形窗口【柔化】值均为 0，分别调整【偏移】组中的绿色通道和蓝色通道，如图 6-15 所示。

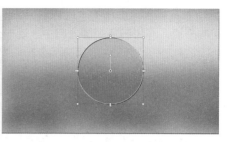

图 6-14

7 分别调整圆形窗口的位置，可以看到红色和绿色的交叉区域显示为黄色，绿色和蓝色交叉区域显示为青色，蓝色与红色交叉区域显示为品红色，完全符合 RGB 三原色加法原理，这说明平行节点的作用是把并联结构的节点之间的调色结果进行加法混合，如图 6-16 所示。

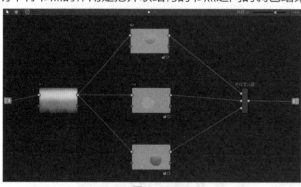
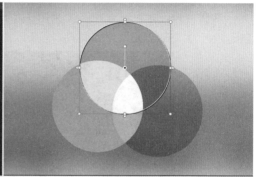

图 6-15

图 6-16

8 双击平行节点将其选择，右击，在弹出的快捷菜单中选择【变换为图层混合器节点】命令，如图 6-17 所示。

9 此时，在预览窗口显示红、绿、蓝 3 个圆形区域呈现互相遮盖的效果，如图 6-18 所示。

10 节点编号也发生了变化，图层混合器节点不计算编号，当前节点编号到 04 为止。红色在最底部，节点 02 输出到图层混合器节点左侧最上面的黄点上，这代表这一层在最底部，节点 03 输出到中间，这代表第二层，节点 04 输出到最下方，这代表第三层。图层混合器节点具有图层叠加的功能，默认的混合模式为【普通】，可以选择其他的混合模式。右击图层混合器节点，从弹出的快捷菜单中选择【合成模式】命令，下拉菜单中包含多种混合模式，如图 6-19 所示。

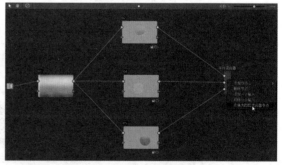

图 6-17

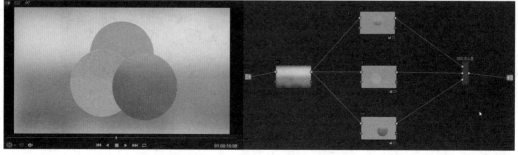

图 6-18

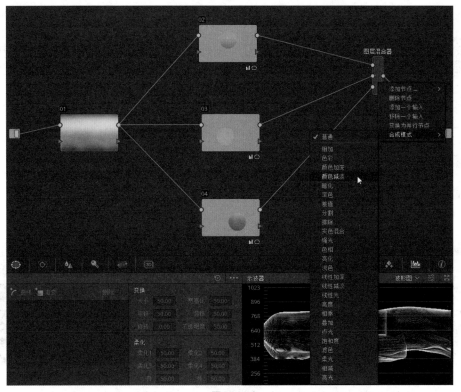

图 6-19

11 比如，选择【颜色减淡】选项，预览效果就发生了变化，如图 6-20 所示。

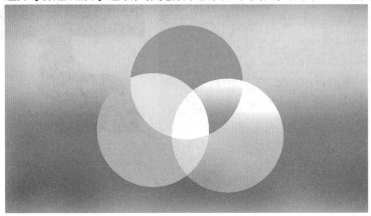

图 6-20

6.4 键混合器节点

在 DaVinci Resolve 14 中，每一个校正器节点中都包含一个"键"，也就是 Alpha 通道信息。键混合器节点可以把不同节点上的"键"进行相加或者相减的操作，有助于实现更为复杂的调色操作。下面将借助键混合器节点来制作一种独具风格的调色效果。

1 在【媒体】工作界面中，把素材"马群"从【媒体存储】面板添加到媒体池，在媒体池中该素材上右击，在弹出的快捷菜单中选择【使用选定的片段创建时间线】命令，将时间线命名为"键混合器节点"。

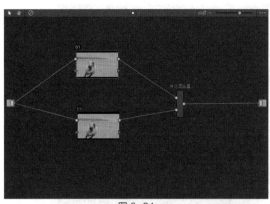

图 6-21

2 在【调色】工作界面中，观察素材，准备添加新的节点及抠像。因为需要把蓝色的天空和绿色的草地部分都抠取出来，仅靠一个节点是不行的，所以使用键混合器节点来制作。首先选择"节点01"，添加新的并行节点，系统自动编号，如图 6-21 所示。

3 拖动播放指针到片段的终点，双击"节点01"，在【限定器】面板中，使用吸管在画面中的天空部分单击，使用添加颜色吸管增加需要吸取的颜色区域。在【蒙版微调】面板中调整【去噪】和【模糊】参数，如图 6-22 所示。

图 6-22

4 选择"节点03"，在【限定器】面板中使用吸管在画面中的草地部分取色，然后在【蒙版微调】面板中调整【去噪】和【模糊】参数，如图 6-23 所示。

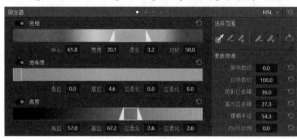 

图 6-23

5 选择主菜单【节点】|【添加并行节点】命令，添加"节点04"，如图 6-24 所示。

6 在节点工作区中右击，添加一个键混合器节点，连接"节点01"的键输出到键混合器节点的输入端，连接"节点03"的键输出到键混合器节点的输入端，连接键混合器节点的键输出到"节点04"的键输入端，如图 6-25 所示。

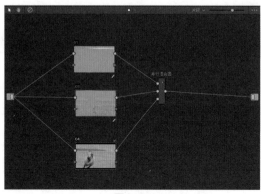 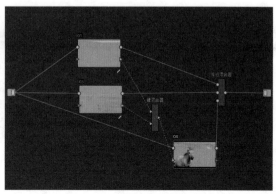

图 6-24   图 6-25

7 双击"节点04"，单击【突出显示】按钮，在预览窗口中查看通道信息，如图6-26所示。

图 6-26

8 单击【突出显示】按钮，在【一级校色轮】面板中调整色轮，针对奔马和远处的植物进行调色，提高红色和降低亮度，如图6-27所示。

图 6-27

9 单击【键】按钮，在【键输入】选项组中设置【模糊半径】的数值为0.5，如图6-28所示。

图 6-28

10 如果单击【键反转】按钮，选区反转，刚才进行的颜色调整就是应用于蓝天和草地，如图6-29所示。

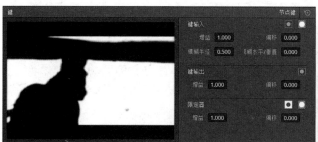

图 6-29

11 再次单击【键反转】按钮⊡，恢复正确的调色选区。分别选择"节点01"和"节点03"，在【一级校色条】面板中调整色轮，如图6-30所示。

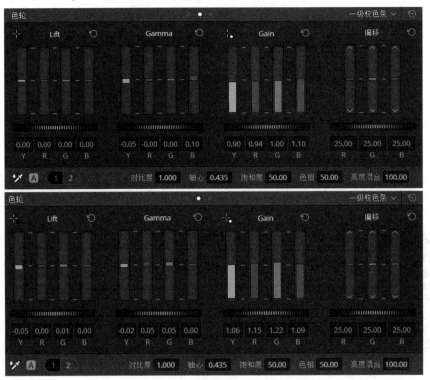

图6-30

12 在预览窗口中拖动播放指针，查看校色后的奔马，如图6-31所示。

图6-31

通过这个实例，大家可以看到键混合器节点的特点和优势，它可以创建复杂的选区，尤其是使用常规的抠像和窗口工具难以得到的选区。

6.5 分离器与结合器

DaVinci Resolve 14 的分离器与结合器节点，可以把红、绿、蓝3个通道进行分离，然后再进行合并，这样就可以对3个通道进行单独的调整。下面通过一个简单的实例来看看分离器与结合器节点的实际应用。

1 在【媒体】工作界面中，把素材"古镇女孩09"从【媒体存储】面板添加到媒体池，在媒体池中的该素材上右击，在弹出的快捷菜单中选择【使用选定的片段创建时间线】命令，将时间线命名为"分离器结合器"。

2 进入【调色】工作界面，选择主菜单【节点】|【添加分离器/结合器节点】命令，你会看到节点面板中节点结构发生了变化，如图6-32所示。

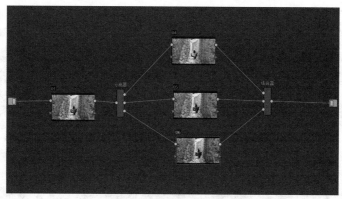

图 6-32

3 双击"节点 04"将其选中，然后打开 OpenFX 选项卡，拖动【方向性模糊】滤镜到"节点 01"上，如图 6-33 所示。

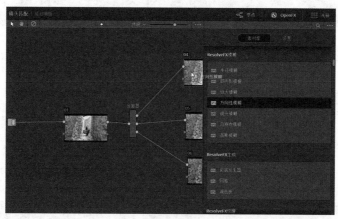

图 6-33

4 设置【模糊强度】数值为 1，再次单击 OpenFX 标签关闭该选项卡，在节点图和预览窗口中可以看到"节点 01"和素材画面发生的变化，如图 6-34 所示。

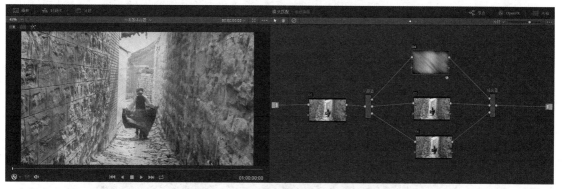

图 6-34

6.6 透明控制

DaVinci Resolve 14 支持带有 Alpha 通道的素材，具备处理透明信息的功能。下面介绍在 DaVinci Resolve 14 中常用的处理透明的方法。

1 在【媒体】工作界面中，把两段素材添加到媒体池中，如图 6-35 所示。

图 6-35

2 新建一个名为"处理透明"的时间线，并且在【剪辑】工作界面中把素材"实拍汽车流"添加到【视频 1】轨道上，把素材"接饮料"放在【视频 2】轨道上，如图 6-36 所示。

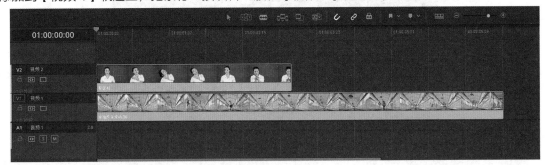

图 6-36

3 返回【媒体】工作界面，在媒体池中选中素材"接饮料"，然后在媒体存储器上"饮料-matte"素材上右击，在弹出的快捷菜单中选择【作为蒙版添加到媒体池】命令，将该素材作为蒙版添加到素材上，如图 6-37 所示。

图 6-37

4 在媒体池中，在缩略图模式下看不到"饮料 –matte"，单击列表显示按钮▤，即可看到"饮料 –matte"，如图 6-38 所示。

图 6-38

5 在素材库中把素材"接饮料 key"添加到媒体池中，将素材放置到【视频 2】轨道上素材"接饮料"的后面，来回拖动一下播放指针，查看监视器中显示的是轨道 2 中的素材画面，并且看不到视频轨道 1 的画面，如图 6-39 所示。

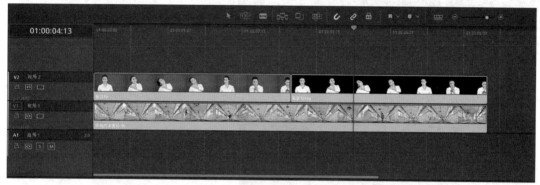

图 6-39

6 在【剪辑】工作界面的媒体池中，在素材"接饮料 key"上右击，在弹出的快捷菜单中选择【片段属性】命令，在弹出的【片段属性】对话框中选择【Alpha 模式】为【预乘】。此时在监视器中显示的是轨道 2 中素材与轨道 1 的素材合并的画面，如图 6-40 所示。

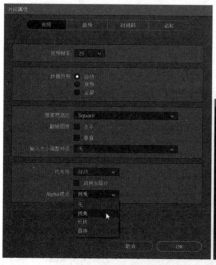

图 6-40

7 在【调色】工作界面中，选择"车流"片段，选择"节点 01"，在【一级校色轮】面板中调整 Gamma 值，如图 6-41 所示。

图 6-41

8 在【调色】工作界面中，选择"接饮料 Key"片段，选择"节点 01"，在【一级校色条】面板中调整 Gamma 和 Gain 参数，如图 6-42 所示。

图 6-42

9 在【调色】工作界面中，选择"车流"片段，选择"节点 01"，激活【模糊】面板，调整【半径】的数值，如图 6-43 所示。

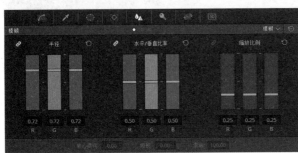

图 6-43

10 在【调色】工作界面中，选择"接饮料"片段，发现这个片段虽然增加了蒙版，但是并不透明，这需要进行一些设置才能看到效果，在节点视图中右击"节点 01"，在弹出的快捷菜单中选择【添加蒙版】|【饮料 -matte.mov】命令，如图 6-44 所示。

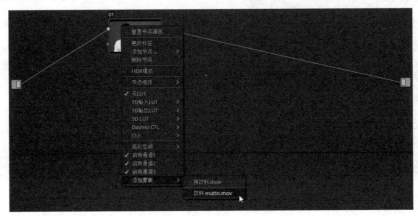

图 6-44

11 此时节点面板上会出现一个新的节点，这个节点的右侧有一竖列三角形，也有一个圆点，三角形输出的是 Alpha 通道信息，圆点输出的图像信息也就是 RGB 信息。Alpha 通道信息的连接线是虚线，图像 RGB 信息的连接线是实线，如图 6-45 所示。

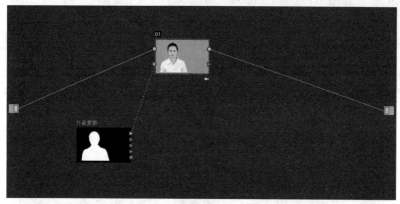

图 6-45

12 此时还不能看到透明效果，还需要为片段增加 Alpha 输出，在节点面板空白处右击，在弹出的快捷菜单中选择【添加 Alpha 输出】命令，在节点视图的右侧增加了一个蓝色的矩形色块，代表 Alpha 输出，单击并拖动"节点 01"右侧的三角形将其连接到这个蓝色的色块上，如图 6-46 所示。

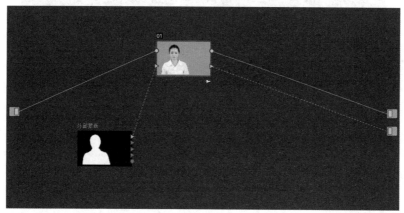

图 6-46

13 此时就可以看到透明效果了，但是会注意到人物与背景的色调不太协调。添加一个串行节点，自动命名为"节点 03"，如图 6-47 所示。

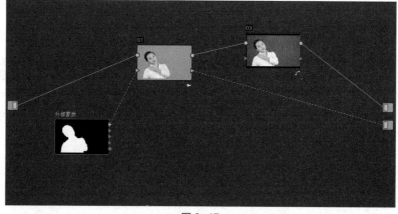

图 6-47

14 使用限定器吸管在上衣区域取色，然后在曲线上进行调整，如图 6-48 所示。

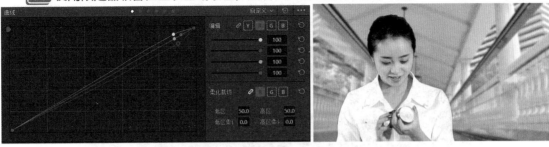

图 6-48

15 再添加一个串行节点，自动命名为"节点 04"，在【一级校色轮】面板中调整 Lift、Gamma 和 Gain 的亮度，如图 6-49 所示。

图 6-49

因为人物是在蓝幕前拍摄的，总会有部分颜色反射，也会在抠像边缘残留蓝色，在 DaVinci Resolve 14 中没有进行预乘处理，边缘的缺陷还是有的。

6.7 本章小结

节点操作作为后期工作的一种高效方式，熟练运用多节点的组合运用必能有所创造。本章详细讲解了串联并联节点、平行与层混合节点、键混合器节点、分离器与结合器节点的具体功能和使用方法，也着重分析了容易混淆的节点之间的功能差异，最后讲述了时间线上轨道素材的透明控制方法和技巧。

第 7 章

 特效插件

在 DaVinci Resolve 14 中内置了 ResolveFX 滤镜套装，共分 11 组，包括 ResolveFX 优化、ResolveFX 修复、ResolveFX 光线、ResolveFX 变形、ResolveFX 变换、ResolveFX 模糊、ResolveFX 生成、ResolveFX 纹理、ResolveFX 色彩、ResolveFX 锐化和 ResolveFX 风格化。当然这些滤镜在付费版本中才能完全使用。

可以通过【剪辑】工作界面中的特效库添加滤镜，从中选择需要的滤镜拖动到时间线中的素材上，如图 7-1 所示。

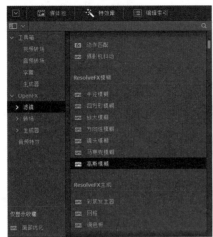

图 7-1

单击【检查器】按钮，单击 OpenF人 按钮，可以调整滤镜的参数，如图 7-2 所示。

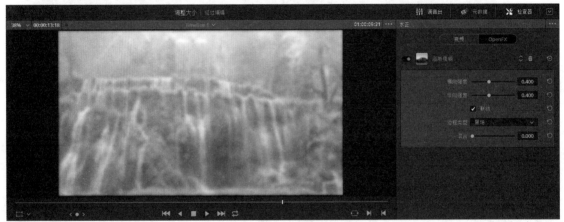

图 7-2

在【调色】工作界面中单击右上角的 OpenF人 按钮，可以选择需要的滤镜拖动到节点视图中添加一个节点，然后进行正确的连接即可，如图 7-3 所示。

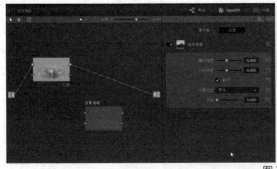

图 7-3

在监视器中对比查看添加特效前后的效果，如图 7-4 所示。

在【设置】面板中可以调整滤镜的参数，然后单击【素材库】按钮，在【素材库】面板中可以选择其他更多的滤镜作为节点添加到节点视图中，如图 7-5 所示。

图 7-4

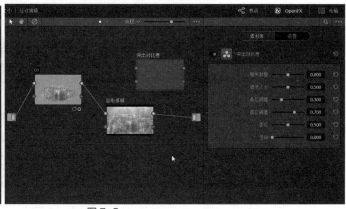

图 7-5

如果是免费用户，很多的 ResolveFX 滤镜是不能使用的，不过没有关系，我们可以安装一些特效插件来尽量弥补这个缺失。如果使用过 After Effects、Premiere Pro 或 Final Cut Pro 之类的后期软件，就一定清楚知道插件的高效率和非凡效果。DaVinci Resolve 14 也不例外，同样支持很多插件来增加调色效果，但是一定要注意 DaVinci Resolve 14 的插件接口是 OpenFX 类型及系统的区别，Mac 系统的安装包是不能给 Windows 系统用的。

DaVinci Resolve 14 的插件十分丰富，接下来重点讲解几个典型常用且功能强大的插件，比如蓝宝石、Magic Bullet Suite、RE:Vision Effects、Beauty Box、Neat Video 和 BCC 等插件。

7.1 蓝宝石插件

在 DaVinci Resolve 14 支持的 OpenFX 特效插件中，蓝宝石 (Sapphire) 插件是一套非常完整的特效包，包括调色、模糊锐化、合成扭曲、照明渲染、风格化、时间过渡等几个大类型，每个类型都有若干个命令，可以满足工作中的绝大多数要求。

比如，我们为一个瀑布镜头添加局部模糊效果，就可以添加 S_Blur 节点，如图 7-6 所示。

图 7-6

1 当需要添加窗口限定模糊区域时，发现并不能应用窗口，那就添加一个校正器节点，再添加一个椭圆形窗口，如图 7-7 所示。

图 7-7

2 然后添加一个校正器节点和图层混合器节点，进行正确连接，如图 7-8 所示。

图 7-8

3 在图层混合器节点之后添加一个 S_Gradient 节点，设置参数，如图 7-9 所示。

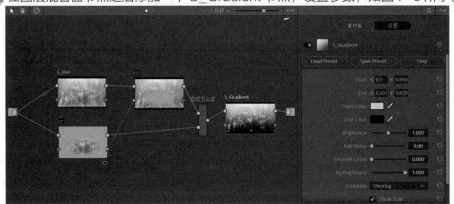

图 7-9

4 切换到【剪辑】工作界面，双屏对比显示原素材和应用特效后的效果，如图 7-10 所示。

图 7-10

蓝宝石插件包中有一些光线效果，也经常用来修饰场景。比如，为下面的流水镜头添加一个彩虹效果。

1 选择时间线上的流水片段，打开OpenFX面板，从素材库中拖动S_GlintRainbow滤镜到"节点01"上，如图 7-11 所示。

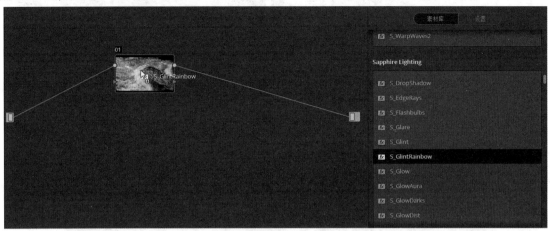

图 7-11

2 释放鼠标，为"节点 01"添加滤镜，在监视器中可以看到光线效果，如图 7-12 所示。

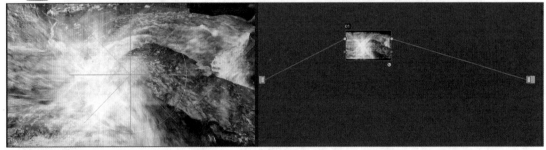

图 7-12

3 单击【设置】按钮，在滤镜参数面板中调整参数，如图 7-13 所示。

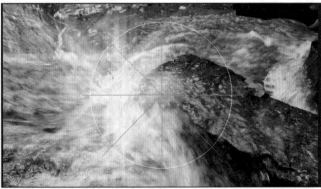

图 7-13

蓝宝石滤镜有很多控制项，能够在监视器中直接调节完成，如图 7-14 所示。

在调色过程中，除了应用调整组的滤镜外，还可以使用混合组的图层滤镜，通过相应的图层混合方式和强度来改善素材的亮度等，如图 7-15 所示。

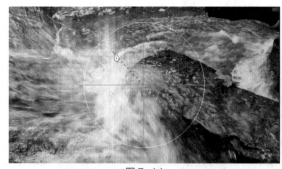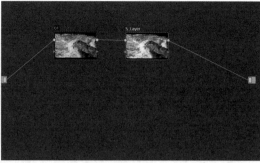

<table>
<tr><td>图 7-14</td><td>图 7-15</td></tr>
</table>

在【设置】面板中调整相应的参数，就能获得想要的结果，如图 7-16 所示。

图 7-16

切换到【剪辑】工作界面，双屏对比显示源素材和调整后的效果，如图 7-17 所示。

图 7-17

插件滤镜既可以直接添加到节点上，也可以作为单独的调整节点，如图 7-18 所示。

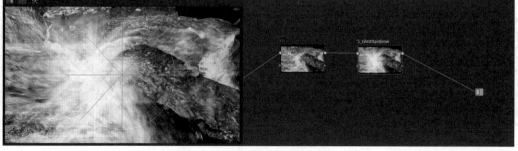

图 7-18

蓝宝石的特效插件很丰富，使用起来也相当方便，希望读者能够熟悉并能提高工作效率。

7.2 Magic Bullet

Magic Bullet 是一个可以解决多个平台的调色插件包，其中包含 Renoiser、Mojo Ⅱ、Film、Looks 和 Cosmo Ⅱ，如图 7-19 所示。

Renoiser 为镜头提供电影纹理和颗粒。它包括基于真实电影胶片和流行电影（如 16mm、8mm 等）的 16 个噪点 / 纹理预设。

Mojo 是一款调色插件，可在几秒内得到一个基本满足任何现代好莱坞影片级的效果，为素材电影风格与统一的补充调色板，新的版本还添加了新工具，如 Vignette（暗角晕影）、曝光、温度和色调等。

下面以 Mojo 的使用为例讲解一下 Magic Bullet 插件的使用。

图 7-19

1 选择一个古建镜头调整一级校色轮，如图 7-20 所示。

图 7-20

2 添加 Mojo Ⅱ 节点，调整参数，如图 7-21 所示。

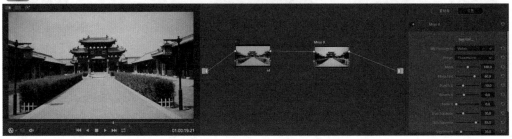

图 7-21

3 添加一个校正器节点，使用限定器吸管拾取画面中的红色区域，调整【蒙版微调】选项组中的参数，如图 7-22 所示。

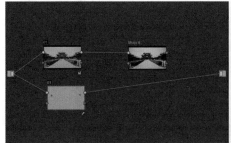

图 7-22

4 再添加一个校正器节点，进行正确的连接，单击【键】按钮，设置【键输入】参数，降低通道中的白色，这样就可以稍减弱对其进行的调整，如图 7-23 所示。

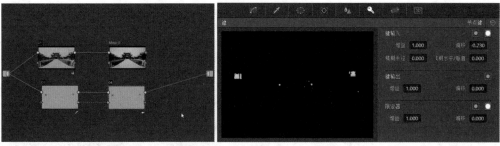

图 7-23

5 添加一个图层混合器节点，进行连接，如图 7-24 所示。

图 7-24

6 切换到【剪辑】工作界面，双屏对比显示原素材和调色后的效果，如图 7-25 所示。

图 7-25

Film 可以很快捷地将画面调整出电影质感，内设多种胶片的预设，如图 7-26 所示。

图 7-26

Looks 调色工具相当方便，不仅有多种多样的预设，还可以做进一步精细的调节，如图 7-27 所示。

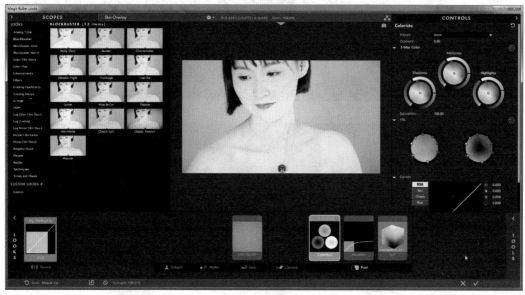

图 7-27

Cosmo 能使润肤带来精致的结果，看起来更自然，功能强大的皮肤采样工具，能够更容易地平衡肤色，减少皱纹和消除皮肤瑕疵。

1️⃣ 选择一个人物近景的镜头，添加 Cosmo Ⅱ 节点，用吸管拾取脸部肤色，设置参数，如图 7-28 所示。

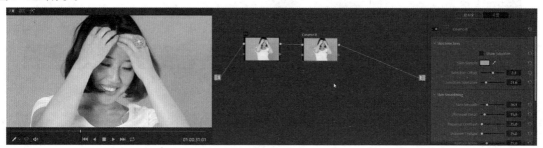

图 7-28

2️⃣ 添加一个校正器节点，单击限定器吸管，拾取脸部颜色，设置【限定器】和【蒙版微调】参数，如图 7-29 所示。

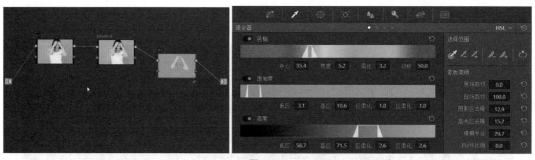

图 7-29

3️⃣ 再添加一个校正器节点，进行正确的连接，并设置【键】参数，如图 7-30 所示。

4️⃣ 添加一个图层混合器节点，进行正确的连接，选择混合模式为【滤色】，如图 7-31 所示。

5️⃣ 切换到【剪辑】工作界面，双屏对比显示原素材和调色后的效果，如图 7-32 所示。

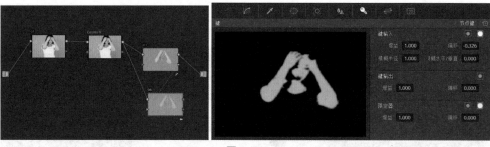

图 7-30

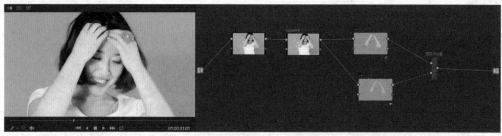

图 7-31

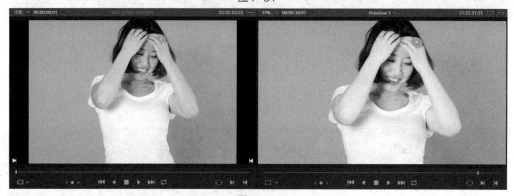

图 7-32

7.3 RE:Vision Effects

RE:Vision Effects 插件组包含 RSMB、REMatch Color、DENoise 和 DEFlickerHigh Speed 4 个滤镜。

(1) RSMB 滤镜

RSMB(Real Smart Motion Blur) 即运动模糊，如图 7-33 所示。

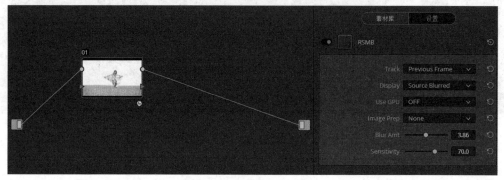

图 7-33

切换到【剪辑】工作界面，双屏对比显示原素材和运动模糊效果，如图 7-34 所示。

图 7-34

(2) REMatch Color 滤镜

REMatch Color 滤镜可以匹配不同镜头之间的色彩、曝光、白平衡和局部色彩匹配等，如果在前期使用不同的摄像机拍摄了同一个场景，用这个插件匹配它们之间的各种参数再合适不过了。比如，下面的镜头是掩饰拍摄的序列帧，亮度和颜色都因为时间有所变化，如图 7-35 所示。

图 7-35

1️⃣ 添加 REMatch Color 滤镜，如图 7-36 所示。

2️⃣ 拖动当前指针到一个合适的位置，单击 Set Still Time 后面的下拉菜单，选择 Store still time 选项，如图 7-37 所示。

图 7-36　　　　　　　　　　　　　　　　　图 7-37

3️⃣ 打开 Frame to Match 后面的下拉菜单，选择 Match to still1 选项，如图 7-38 所示。

4️⃣ 展开 Adjustment Controls 面板，设置参数，如图 7-39 所示。

 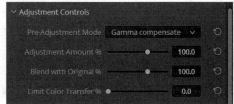

图 7-38　　　　　　　　　　　　　　　　　图 7-39

5 勾选 Window Match 复选框，展开 Window Controls 面板设置参数，在监视器窗口中可以看到一个黄色的方框，如图 7-40 所示。

图 7-40

6 在监视器窗口中也可以手动调整黄色窗口的大小，改变了匹配区域，监视器会及时反馈匹配结果，如图 7-41 所示。

图 7-41

7 在参数面板中调整参数，如图 7-42 所示。

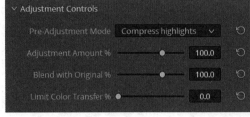

图 7-42

8 单击【检查器】按钮，关闭滤镜参数面板，对比查看当前帧时源素材和调整后的效果，如图 7-43 所示。

图 7-43

9 单击【检查器】按钮，展开滤镜参数面板，取消勾选 Draw Overlay 复选框，如图 7-44 所示。

10 再次单击【检查器】按钮，关闭【检查器】面板，重新回到双屏模式，对比查看当前帧时源素材和调整后的效果，如图 7-45 所示。

11 拖动当前指针到该片段的末端，对比查看当前帧时源素材和调整后的效果，如图 7-46 所示。

图 7-44

图 7-45

图 7-46

(3) DENoise 滤镜

DENoise 滤镜能够移除画面的噪点和多余的颗粒。在光线不足的情况下容易导致拍摄的素材噪波缺陷，一旦提升亮度后就很明显地显现出来，如图 7-47 所示。

实拍素材　　　　　　　　　　　　　　提升亮度效果

图 7-47

添加 DENoise 节点，在设置面板中调整参数，即可消除噪波，如图 7-48 所示。

因为降噪处理很可能也会影响其他部分的清晰度，比如，灯光中的舞鞋部分，如果很在意这一点，不妨添加一个校正器节点，调整锐化参数，如图 7-49 所示。

切换返回【剪辑】工作界面，双屏对比显示源素材和降噪后的效果，如图 7-50 所示。

(4) DEFlickerHighSpeed 滤镜

DEFlickerHighSpeed 滤镜能够很好地处理各种闪烁的现象，如光闪烁、延时拍摄闪烁和动态闪烁。插件会分析画面的颜色和亮度，从而计算匹配出平滑的视频图像。

图 7-48

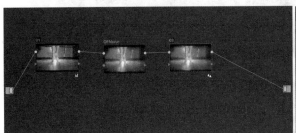

图 7-49

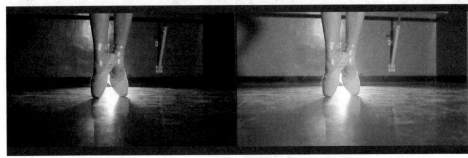

图 7-50

选择一个延时拍摄的镜头，再添加 DEFlickerHighSpeed 节点，然后在【设置】面板中调整参数，如图 7-51 所示。

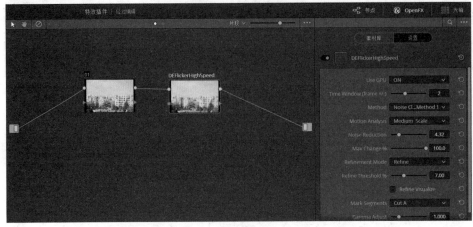

图 7-51

7.4 Beauty Box

Beauty Box 插件是一款经常使用的柔化皮肤的插件。

1 选择一个人物近景的镜头，添加 Beauty Box 节点，如图 7-52 所示。

图 7-52

2 展开 Mask 选项栏，勾选 Show Mask 复选框，查看监视器中的黑白图，调整参数，如图 7-53 所示。

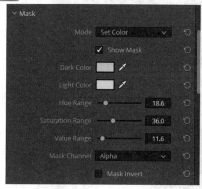

图 7-53

3 取消勾选 Show Mask 复选框，切换返回【剪辑】工作界面，双屏对比显示源素材和润肤效果，如图 7-54 所示。

图 7-54

4 切换到【调色】工作界面，添加一个串行节点，单击【曲线】按钮，激活【色相 VS 饱和度】面板，用吸管拾取脸部颜色，然后调整曲线，如图 7-55 所示。

5 激活【色相 VS 亮度】面板，用吸管拾取脸部颜色，然后调整曲线，如图 7-56 所示。

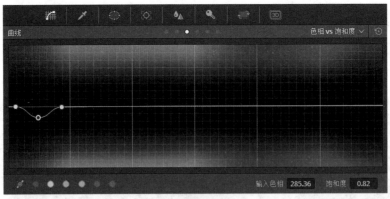

图 7-55

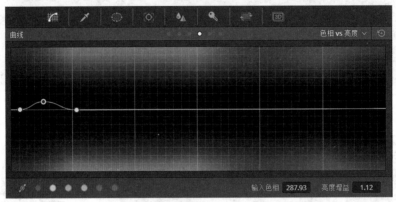

图 7-56

6 切换到【剪辑】工作界面，双屏对比显示源素材和润肤调色后的效果，如图 7-57 所示。

图 7-57

7.5 Neat Video

Neat Video 插件组中只有一项 Reduce Noise V4，这是一个特别好用且实用的降噪滤镜，如图 7-58 所示。

1 单击 Prepare Noise Profile 按钮，弹出面板，如图 7-59 所示。

2 在预览区中绘制采样方框，如图 7-60 所示。

3 单击 Auto Profile 按钮，对噪波进行分析，如图 7-61 所示。

图 7-58

4　单击右下角的 Apply 按钮，关闭降噪分析工具面板，对比源素材和降噪后的效果，如图 7-62 所示。

图 7-59

图 7-60

图 7-61

图 7-62

7.6 Boris Continuum Complete 10

Boris Continuum Complete 10(BCC 10) 为视频图像合成、处理、键控、着色、变形等提供全面的解决方案，支持 Open GL 和双 CPU 加速。

BCC 10 拥有超过 240 多种滤镜和 2500 多个预设效果，如字幕 (3D 字幕)、3D 粒子、风格化、光线、画中画、镜头光晕、烟雾和火等。

BCC 10 增加了和 Mocha 跟踪的结合、人脸美容、字体特效动画、信号损坏效果、漏光效果及大量转场等。

下面以一段水流素材应用 BCC Color Match 滤镜为例，讲述 BCC 插件的应用。

1️⃣ 选择这段水流素材，在【调色】工作界面中添加 BCC Color Match 节点，如图 7-63 所示。

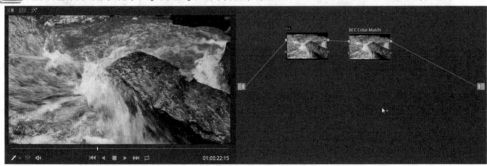

图 7-63

2️⃣ 在【设置】面板中单击 HighlightSource 色块右侧的吸管，在监视器中水流高光处吸取颜色，然后单击 Highlight Target 右侧的色块，设置颜色为浅蓝色，如图 7-64 所示。

图 7-64

3 单击 Midtone Source 色块右侧的吸管，在监视器中岩石处吸取颜色，然后单击 Midtone Target 右侧的色块，设置颜色为蓝色，如图 7-65 所示。

图 7-65

4 此时，在监视器窗口中水流片段的色调已经发生了变化，如图 7-66 所示。

还可以继续设置暗部的颜色，如图 7-67 所示。

图 7-66

图 7-67

5 再应用 BCC 的抠像工具。在【剪辑】工作界面中的时间线上放置两段素材，如图 7-68 所示。

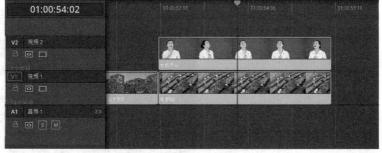

图 7-68

6 在【调色】工作界面中为"节点 01"添加抠像滤镜 BCC Chroma Key，如图 7-69 所示。

图 7-69

7 设置 Output 选项为 Show Matte，在监视器中查看抠像蒙版，如图 7-70 所示。

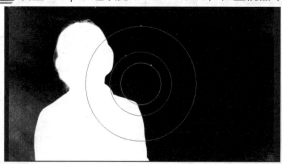

图 7-70

8 调整抠像参数，消除蒙版中黑色区域的杂点，如图 7-71 所示。

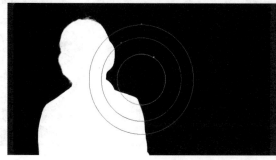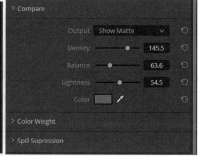

图 7-71

9 添加一个校正器节点，自动命名为"节点 02"，选择"节点 01"，按快捷键【Ctrl+C】复制，选择"节点 02"再进行粘贴，如图 7-72 所示。

10 选择"节点 01"，在设置面板中设置 Output 选项为 Composite，如图 7-73 所示。

11 在节点视图中添加 Alpha 输出节点，正确连接节点，如图 7-74 所示。

12 双击"节点 01"，激活【键】面板，查看键设置，如图 7-75 所示。

13 查看监视器中蓝色背景已经抠除，显露出后面轨道的素材内容，如图 7-76 所示。

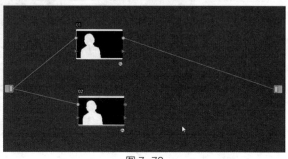

图 7-72

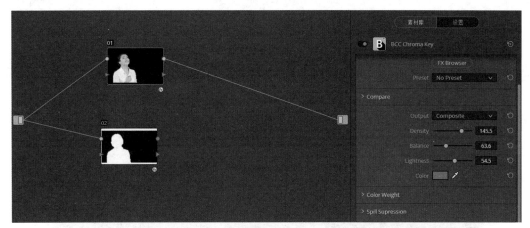

图 7-73

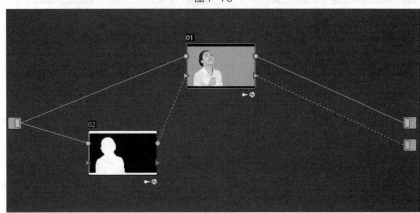

图 7-74

图 7-75

图 7-76

14 有必要调整女孩的上衣和肤色，可以继续添加节点进行调色。选择"节点 01"，添加一个串行节点 03，调整曲线，如图 7-77 所示。

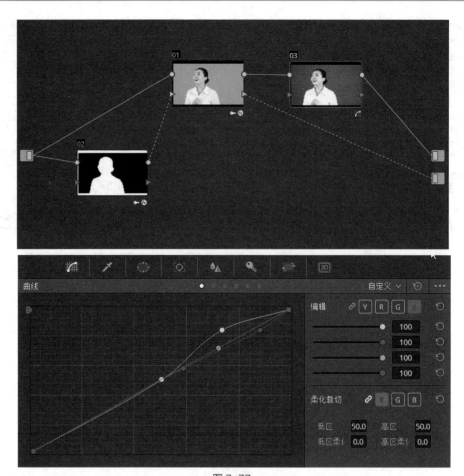

图 7-77

15 切换到【剪辑】工作界面，双屏对比显示素材和抠像效果，如图 7-78 所示。

图 7-78

7.7 本章小结

　　虽然 DaVinci Resolve 14 不是用来制作视频特效的工具，但一些插件还是必需的。本章主要讲解了几款常用的插件——蓝宝石、Magic Bullet 和 BCC10 的功能和设置方法，重点讲解了 RE:Vision Effects、Beauty Box 和 Neat Video 插件组中降噪和修饰皮肤的效果和参数设置。

第 8 章

LUT 及影调风格

LUT 是指显示查找表 (Look-Up-Table)，本质上就是一个 RAM，它把数据事先写入 RAM 后，每当输入一个信号就等于输入一个地址进行查表，找出地址对应的内容，然后输出。从本质上来说，LUT 的作用就是将每一组 RGB 的输入值转化成输出值。LUT 的两种主要分支是 1D LUT 和 3D LUT，通常来说，在现实生活中，3D LUT 应用得更多一些。

8.1 LUT 的功能

LUT 的应用范围比较广泛,可以应用到一张像素灰度值的映射表,它将实际采样的像素灰度值经过一定的变换,如阈值、反转、二值化、对比度调整、线性变换等,变成了另一个与之对应的灰度值,这样可以起到突出图像的有用信息、增强图像的光对比度的作用。LUT 最重要的意义在于,兼容了普通显示器的高阶显示功能,使那些不能被普通显示器所显示的宽色域(一般是指超过 SRGB)能够尽量被大致模拟在普通显示器上。然而,LUT 所模拟的效果只能作为参考,作为修图时的大致观感,最佳、最完整地呈现仍然是显示器、显卡及素材本身的各项指标高度一致,所谓"硬解码"。

LUT 从用途上可以分为 3 种:校准 LUT、技术 LUT 和创意 LUT。

校准 LUT:用来修正显示器显示不准确的地方,它能够确保经过校准的显示器显示尽可能准确的图像(在显示器的能力限制范围之内)。这是最重要的一种 LUT,因为它们的生成过程需要非常高的准确度,不然所有在已校准的显示器上显示的图像都是不准确的,从而使整个工作的准确度都大打折扣。

技术 LUT:用于转换不同的"标准",比如,从一个颜色空间转换到另一个颜色空间,这些 LUT 是比较容易准确生成的。令人意外的是,很多的技术 LUT 都不是准确的,而且它们尝试在不同标准之间转换图像时可能会造成严重的问题。

创意 LUT:通常被称为 Look LUT,因为它们通常都被摄制总监用于电影现场拍摄的外观设置,也会被用于向图像应用特定的外观模拟,例如,某种传统的胶卷效果。目前有很多免费的 LUT 供使用,只要复制到达芬奇安装目录的 LUT 文件夹中即可。

在 DaVinci Resolve 14 中,都可以装载主流设备商提供的 LUT,以方便用户使用。

AlexaLogC2Rec709(适用摄影机:ARRI Alexa):这是 ARRI 官方提供的从 LOG-C 映射到 Rec709 的 LUT,在前期拍摄监看和后期调色时会经常用到,后期调色时某些情况下导演或调色师可能会倾向不加载 LUT 直接调色,但因为 LUT 中 Color Matrix 的原因,这种情况下某些颜色是不能正确被映射的,当然从主观的色彩审美来讲,这种方法也无可厚非。

REDLogfilm2Redgamma3/REDLogfilm2Video(适用摄影机:RED ONE/MX/SCALET/EPIC/DRAGON):RED 在技术支持上的严谨性和全面性一直受到不少人诟病,至少笔者目前为止没有见到过官方的 REDLogfilm 和 Film Cineon/Log-C 对比特性曲线之类的材料,官方也没有提供专门的 REDLog/REDLogfilm 映射到 Rec709 的 LUT,类似 REDLogfilm2Redgamma3 这样的 LUT 都是一些后期制作单位或工程师自行测定制作的,对于大多数用户来说,在网上通过付费就可以获取相关的 LUT。

CanonLog2Video/CanonLog2Cineon(适用摄影机:Canon C100/C300/C500/1Dc):Canon 作为初涉电影摄影机领域的厂商,对常规制作提供了从 CanonLog 映射到 Rec709 的 LUT,而且针对电影制作领域还十分贴心地提供了 CanonLog2Cineon 的 1D LUT,这对匹配胶片风格是十分有效的手段。

Slog2ToRec709(适用摄影机:SONY F3/F5/FS00/F55/F65):SONY 作为老牌厂商,从最初的 Slog 到 Slog2,再到最新的 Slog3,每一版的技术白皮书都写得洋洋洒洒,而且还要与不同厂商 Log 在特性曲线上都真刀真枪地比一比,值得用户赞赏。Slog2ToRec709 是官方提供的 Slog2 映射到 Rec709 的 LUT,同时在 Sony 社区上经常会有用户分享一些带有个人风格倾向的相关 LUT 可供下载。

Technicolor Cinestyle2video(适用摄影机:Canon 5D Mark/5D Mark III):Technicolor

是 为 5D Mark Ⅱ 开 发 的 Cinestyle 映 射 到 Rec709 的 LUT， 建 议 5D Mark Ⅱ 用 户 使 用 Cinestyle 模式拍摄，并在后期使用该 LUT，可以有效避免 EOS 标准模式下 h264 暗部细节损失严重的情况，以及获得更接近胶片特性曲线的影像风格。

　　还有经常用到的 Film Looks，也就是我们常说的胶片模拟 LUT，这里说的胶片并非我们最熟悉的 Negative Film 拍摄用负片，而是相对陌生的 Print Film，即拷贝片。目前世界范围内最常用的拷贝片主要是 Kodak 和 Fuji 两家的 4 ～ 5 种型号，例如，Kodak 的 2383、2393 型号拷贝片、Fuji 的 Etarna-CP 系列拷贝片。在胶片扫描进行数字化中间片的年代，在标定精确的拷贝片模拟 LUT 下工作是色彩管理最关键的一环。在数字摄影的年代，拷贝片模拟 LUT 是实现胶片感电影的首选方式，大家经常看到的好莱坞大片常用的 Orange/Teal 风格就是基于这种思路下制作的。

8.2　应用 LUT

　　应用 LUT 不仅可以针对单个镜头，也可以针对整个时间线。

　　在【调色】工作界面中节点视图右上角选择【时间线】，即可为整个时间线添加 LUT，如图 8-1 所示。

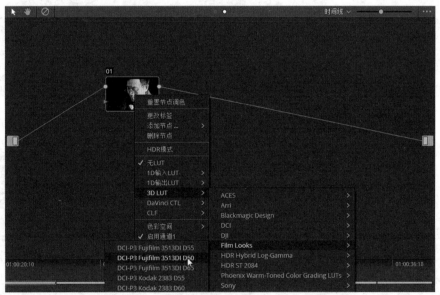

图 8-1

　　拖动当前指针到其他片段，查看应用 LUT 的效果，如图 8-2 所示。

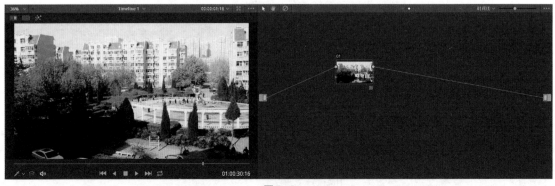

图 8-2

　　在节点视图右上角选择【片段】，即可查看该片段的节点树，如图 8-3 所示。

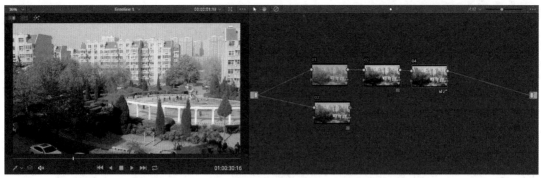

图 8-3

　　当前的这个片段是使用佳能的 Cinestyle 格式拍摄的镜头，关闭节点 02、03 和 04，在监视器中查看源素材的画面，如图 8-4 所示。

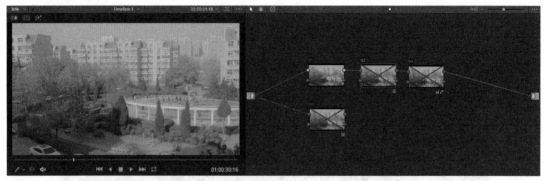

图 8-4

　　激活"节点 03"，连接其输出端，然后应用 Cinestyle+LUT，查看效果，如图 8-5 所示。

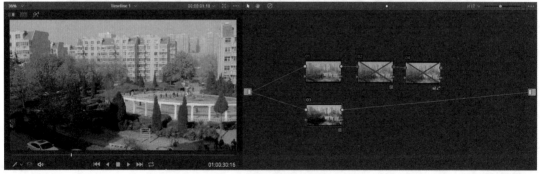

图 8-5

　　添加一个串行节点，调整一级校色轮和曲线，如图 8-6 所示。

图 8-6

　　在监视器中查看校色后的效果，如图 8-7 所示。

图 8-7

下面再来查看一个其他的 LUT 效果，激活"节点 02"，连接"节点 04"的输出端到输出节点，如图 8-8 所示。

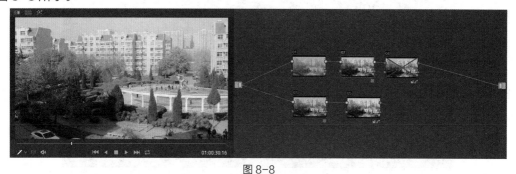

图 8-8

右击"节点 02"，查看正在使用的 LUT，如图 8-9 所示。

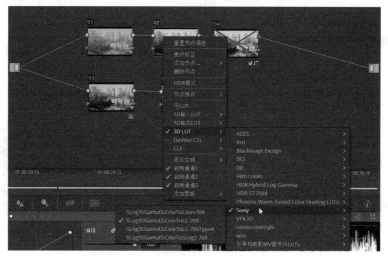

图 8-9

激活"节点 04"，在监视器中查看校色效果，如图 8-10 所示。

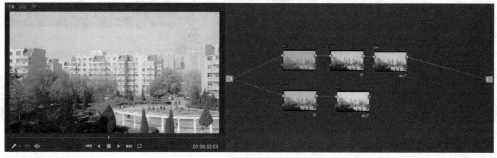

图 8-10

查看一级校色轮和曲线调整的状况，如图 8-11 所示。

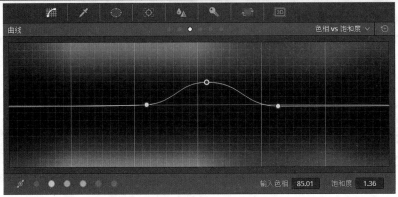

图 8-11

下面再来看一个过曝镜头的调整，这也是用 Cinestyle 格式拍摄的镜头。首先查看源素材和波形图，如图 8-12 所示。

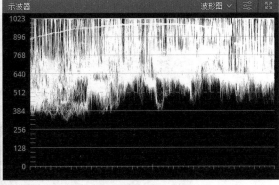

图 8-12

选择"节点 01"，调整曲线，降低高光亮度，如图 8-13 所示。

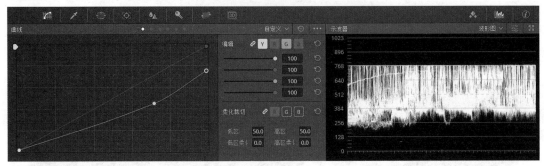

图 8-13

在监视器中查看效果，如图 8-14 所示。

添加一个串行节点，应用一个 3D LUT——SLog3SGamut3.CineToLC-709TypeA，查看监视器效果，如图 8-15 所示。

图 8-14　　　　　　　　　　　　　　　　　图 8-15

添加一个串行节点，调整对比度和一级校色条，如图 8-16 所示。

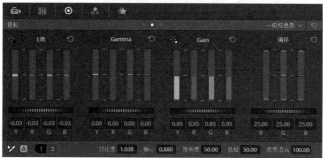

图 8-16

再添加一个串行节点，添加渐变限定器，然后调整曲线，降低红色，如图 8-17 所示。

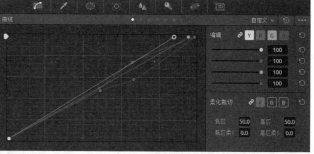

图 8-17

添加一个串行节点，应用一个 3D LUT——DJI_Phantom4_DLOG2Rec709，激活【键】面板，调整【键输出】的偏移值为 -0.5，如图 8-18 所示。

图 8-18

在节点视图右上角选择【时间线】，关闭"节点 01"的 LUT 应用，如图 8-19 所示。

切换到【剪辑】工作界面，单击 Timeline1 预览窗口底部的【匹配帧】按钮▮▮，双屏对比显示源素材和校色效果，如图 8-20 所示。

当然，最后还要根据整个影片的色调和前后衔接的镜头做进一步的调整。比如，再添加一个串行节点，调高【一级校色轮】面板中的 Gamma 值，使整体画面提亮并降低对比度，如图 8-21 所示。

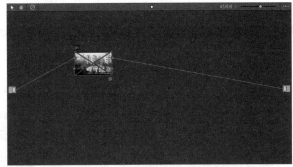

图 8-19

图 8-20

一般使用 LUT 都是针对原生数据格式的素材，特别是无压缩或者压缩比很小的素材，这样能够保证有足够的宽容度和细节，否则就会出现缺陷，比如，在提高亮度和饱和度时就会出现噪点甚至色块化。

这里有一个纪录片里的镜头，切换到【剪辑】工作界面中查看【元数据】，如图 8-22 所示。

1 应用 3D LUT | VFⅩ IO | Linear to ARRI LogC 滤镜，如图 8-23 所示。

图 8-21

图 8-22

2 在 ARRI LogC 模式下，画面的对比度降低、亮度提高了，在背景的暗部出现明显的噪点和色块，这就是源素材的品质太低造成的。

3　继续添加一个串行节点，应用 Neat Vidoe | Reduce Noise V4 滤镜，消除暗部的噪点和色块缺陷，如图 8-24 所示。

图 8-23　　　　　　　　　　　　　　　　图 8-24

4　添加一个串行节点，应用一个 3D LUT——SLog3SGamut3.CineToLC-709 滤镜，转化成 709 色彩模式，如图 8-25 所示。

5　最后再添加一个串行节点，调整一级校色轮和曲线，如图 8-26 所示。

6　查看波形图和监视器效果，如图 8-27 所示。

7　激活【模糊】面板，降低【半径】值，对画面进行锐化，如图 8-28 所示。

8　切换到【剪辑】工作界面，双屏对比显示源素材和调色后的效果，改善了原来过于暗黑的背景和人物的色调，如图 8-29 所示。

图 8-25

图 8-26

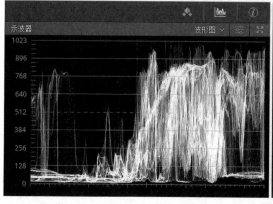

图 8-27

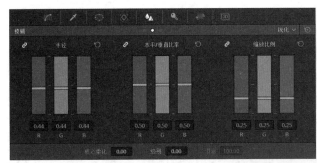

图 8-28

图 8-29

8.3 影调风格

在色彩处理技术突飞猛进的数字影像时代，调色作为后期图像处理软件的核心技术，不仅对"记忆色"进行量化分析和精确还原，还要根据创作的需要挑战客观再现，为影像制造风格，丰富人们对客观世界的感受，达到更高层面的真实。从胶片的传统冲洗配光工艺到数字影像调色，一线的丰富实践创造出了大量的风格化效果。

很多调色师经常被要求去做的，客户需求量很大的影调风格实际上是模拟电影胶片的化学洗印。

1 交叉冲印

交叉冲印，简单地说就是用冲洗负片的工艺来冲洗正片（反转片），经过交叉冲印的胶片能制作出色彩艳丽的彩色照片，具有高反差和高饱和度，如图 8-30 所示。

图 8-30

使用两个节点，第一个节点用于一级校色，主要降低暗部和提高亮部，如图 8-31 所示。

图 8-31

第二个节点调整暗部和中间调的饱和度，如图 8-32 所示。

图 8-32

2 迫冲

迫冲 (pushing) 即由低感光度调至高感光度的底片冲洗程序，也就是用过量的时间来冲洗底片，提高反差和增加颗粒，在彩色胶片中还可以暗部变蓝色，并造成颜色不均衡的效果，如图 8-33 所示。

图 8-33

另外，胶片也可以"减冲 (pull)"洗印，其过程和效果与迫冲刚好相反。

3 跳漂白

跳漂白是指胶片在洗印过程中，没有经过漂白工序去除卤化银颗粒，或者只经过部分漂白留下不同量的卤化银颗粒，保留下来的卤化银颗粒增加了胶片的反差。染色越多的地方，留下的卤化银颗粒就越多，获得的画面反差越大，暗区越暗，饱和度越低，如图 8-34 所示。

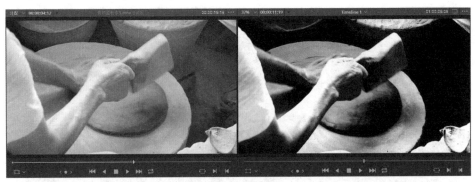

图 8-34

首先通过一级校色轮降低暗部，提高亮部，如图 8-35 所示。

图 8-35

第二个节点调整曲线，如图 8-36 所示。

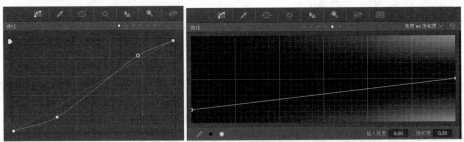

图 8-36

查看波形图和监视器效果，如图 8-37 所示。

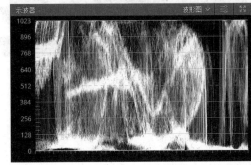

图 8-37

因为提高了高亮区，添加安全色滤镜，如图 8-38 所示。

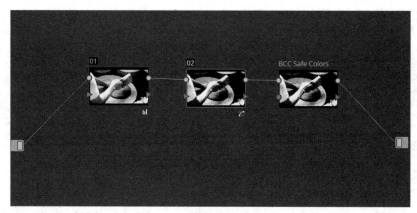

图 8-38

还用了另外的流程进行模拟，如图 8-39 所示。

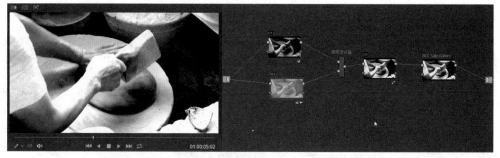

图 8-39

"节点 01"主要通过一级校色轮降低暗部，稍降低饱和度，如图 8-40 所示。

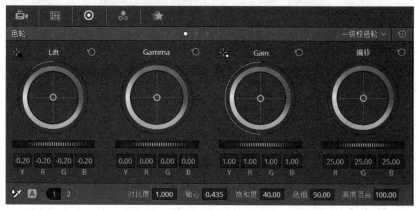

图 8-40

　　添加并行节点，将饱和度降低到 0，转变为一个灰度画面，再将并行节点转变成图层混合器节点，选择混合模式为【相加】，激活【键】面板，调整【键输出】的偏移值，减弱灰度画面混合的强度，如图 8-41 所示。

　　添加一个串行节点，单击【曲线】面板，激活【亮度 VS 饱和度】面板，调整映射曲线，降低暗部和高亮区的饱和度，如图 8-42 所示。

　　最后添加了安全颜色滤镜，切换到【剪辑】工作界面，双屏对比显示源素材和校色效果，如图 8-43 所示。

图 8-41

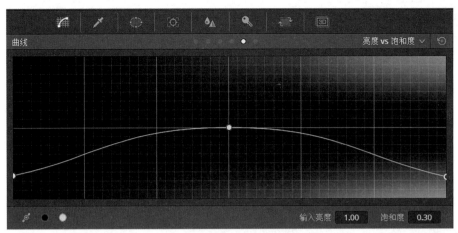

图 8-42

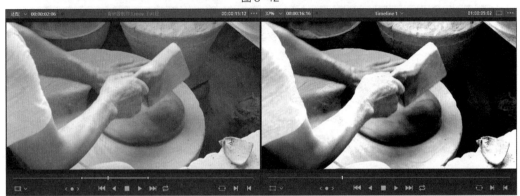

图 8-43

读者可以根据自己的喜好和对漂白效果的理解,使用另外的流程来制作该效果,也可以针对上面校色流程中的节点进行必要的调整。

④ 暗角处理

暗角 (Vignette) 一词属于摄影术语,指画面中间部分较亮,周边尤其是画面的四个角比较暗,而且从中间到四个边角有逐渐虚化的效果,叫作"失光",俗称"暗角"。暗角效果不仅保留着"老影像"的艺术印象,又能突出画面中心,本来镜头的缺陷却成为一种独特的画面风格。例如,RAW 格式的数码照片,在 Photoshop 或 Lightroom 中的调整选项中就有暗角的设置。

用 DaVinci Resolve 14 实现暗角效果非常容易,创建窗口对暗角处画面进行羽化,模拟景深效果并降低其亮度,为了强调颜色对比,可以选择画面主题色彩的补色作为暗角的色调加以调整,如图 8-44 所示。

图 8-44

也可以直接应用插件，更方便，如图 8-45 所示。

图 8-45

⑤ 虚化突出主体

　　突出画面主体有很多方法，其中背景虚化就是很常用而且效果非常好的一种，模拟摄影的大光圈效果。比如，下面的这个镜头整体画面有点杂乱，需要突出工匠和工具作为主体。

1 通过【一级校色条】面板调整亮度，如图 8-46 所示。

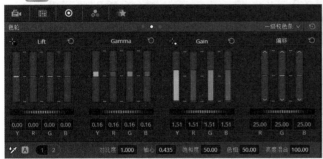

图 8-46

2 添加一个串行节点，绘制椭圆窗口，激活【模糊】面板，调整【半径】值，如图 8-47 所示。

图 8-47

3 添加一个并行混合器节点，复制椭圆窗口，调整锐化参数，如图 8-48 所示。

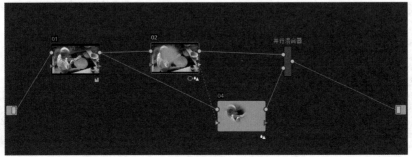

图 8-48

4 在并行混合器节点之后添加一个串行节点，应用 LUT——DCI-P3 Kodak 2383 D65，在【键】面板中调整【键输出】的偏移值为 -0.2，稍减弱效果强度，如图 8-49 所示。

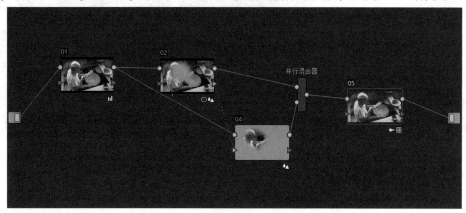

图 8-49

5 切换到【剪辑】工作界面，双屏对比显示源素材和校色效果，如图 8-50 所示。

图 8-50

6 双色调效果

泛黄双色调是一种比较怀旧的风格化调色模式，这是模拟老照片的视觉特征，因为相纸放置长时间后，其中的银盐颗粒在空气中慢慢氧化，使老照片对比度减弱，清晰度下降，影调泛黄，而这种泛黄的调性已经成了一种视觉符号，与怀旧和温暖紧紧地联系在一起。运用色彩平衡可以轻松地创造出这种"怀旧"风格。

1 在时间线上选择一段风光镜头，如图 8-51 所示。

2 在【一级校色轮】面板中调整 Gamma 和 Gain 的色相，如图 8-52 所示。

图 8-51

图 8-52

3 再添加一个串行节点，在【一级校色条】面板中调整暗部，如图 8-53 所示。

图 8-53

4 如果喜欢还可以在最亮的区域进行调整，模拟太阳的光芒，通过椭圆形窗口进行局部的调整，如图 8-54 所示。

图 8-54

5 最后进行适当的饱和度处理，如图 8-55 所示。

7 日景调夜景

日景调夜景镜头也是调色师经常遇到的任务之一。下面通过傍晚拍摄的街景调成夜景实例来讲解大概的思路。

1 在【一级校色轮】面板中调整 Gamma 和 Gain 的旋钮，降低亮度，如图 8-56 所示。

图 8-55

图 8-56

2 添加一个串行节点，调整 Gamma 的色相和曲线，如图 8-57 所示。

3 添加一个串行节点，绘制椭圆遮罩，调整曲线降低亮度，如图 8-58 所示。

4 切换到【剪辑】工作界面，双屏对比显示源素材和校色效果，如图 8-59 所示。

5 也可以通过 Magic Bulet Looks 插件更方便地调整夜景，只须选择合适的预设即可，如图 8-60 所示。

图 8-57

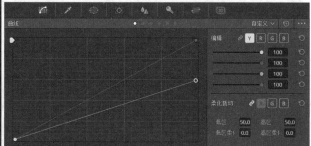

图 8-58

图 8-59

图 8-60

6　切换到【剪辑】工作界面，双屏对比显示源素材和校色效果，如图 8-61 所示。

图 8-61

7　再根据情节的要求和前后衔接镜头的色调进行合适的调整。

8.4　典型色调

　　色彩基调是表现主题情绪的色彩手段和色彩倾向，当不同颜色的色彩在画面中构成统一、和谐的色彩倾向并统一于某一色彩下，那么这种颜色便是画面的色彩基调，简称色调。它可以是黄色调、绿色调、红色调、蓝色调、棕色调等，可以是暖色调、冷色调，可以是淡彩色调，也可以是浓彩色调，可以是消失色，也可以由彩色转换为黑白和黑白转换为彩色等多种表现形式。

　　在人的视觉世界中，色彩是情感的象征，它在真实地再现自然之外，还承担着将现实纯化和强化的功能，它能传达人的情绪与心理状态，是人的内心世界外化的表现，是指涉及精神世界的无形之物的符号。不同色彩或同一色彩的不同运用能引起不同的情感反应，产生相应的情绪效果。色彩可以用来确立和展现整部影片的总体情绪和主题基调，表现影片的风格，如电影《无间道》中运用的灰暗、阴冷的冷色调，使观者感到压抑、紧张的情绪，《花样年华》中淡淡的黄色调，让整部影片让人感觉年代久远，有怀旧的气氛，如图 8-62 所示。

电影《无间道》截图　　　　　　　　　　电影《花样年华》截图

图 8-62

　　人们长期生活在色彩的世界中，积累了许多视觉经验，这些经验与外来色彩刺激产生呼应，不同的色彩可以引起人们与生活有关的不同联想，而色彩情感在一步步升华，使它更能表达人们的观念，勾起人们的情绪。在李安的电影《断背山》中，断背山的蓝天、白云、绿草、羊群都属于冷色系，但是由于色彩应用得明快清透，所以并不让人觉得冷，反而是一种清爽舒心。在张艺谋的电影《英雄》对色彩的运用中，白色象征最美丽的死亡，蓝色象征最崇高的较量，红色象征最炽热的生命，绿色象征最宁静的回忆，黑色象征最博大的胸怀，都体现了色彩在画面中表现出来的全片总的倾向和风格，如图 8-63 所示。

电影《断背山》截图　　　　　　　　　　　电影《英雄》截图

图 8-63

　　影视作品中色彩的运用不应该是客观世界的重复，不应该是色彩的堆砌，也不应该是色彩形式的游戏，而应该是有助于深刻表达作品思想内容、塑造人物形象、刻画环境、交代细节、渲染气氛的重要手段。

　　无论是电影工业的大发展，还是影视剧的迅速增长，影片的色调多多少少有些归类和约定俗成，比如，科幻类影片更多使用了蓝色调，以蓝色的冷色调作为基调，拉开当下和未来世界的距离，传达对未来高度发达的科技文明的向往崇拜，比较典型的影片有《阿凡达》《透明人》《盗梦空间》等，如图 8-64 所示。

《阿凡达》电影截图

图 8-64

　　同样是科幻影片的《黑客帝国》却使用了绿色调，整个虚拟世界都呈现绿色调，片中用绿色系来表示数字网络，强烈突出矩阵中脸色苍白的人，这个虚拟现实的概念也成为影史上的经典，为以后相关题材的创作提供了参考标准，如图 8-65 所示。

《黑客帝国》电影截图

图 8-65

　　在影片中会经常用到以暖黄色调为主的镜头，甚至进行低饱和度的处理，以此表达过去的年代，勾起了人们的怀旧情绪，增加对故事情节的可信度和感染力，如图 8-66 所示。

电影《战马》截图

图 8-66

刚开始学习影片调色时，学习必要的色彩理论知识是非常有用的，掌握一些在影视艺术中色彩表达的方法及作用，理解色调的分类及如何在影片中参与构图、修饰角色、表达情感、表达主题和调节节奏。在实践初期通过大量观看和分析优秀的影视作品也是很有效的手段，尤其是近似题材的影片总能找到一些优秀的有价值的参考影片，我们不妨在此基础上进行调色工作，进而再加入客户具体的要求和调色师的创意。

8.5　本章小结

　　应用 LUT 能够完美呈现不同来源素材在监视设备中的显示效果，诠释不同色彩空间中的再现，同时也经常用于色调风格的创建。本章不仅对 LUT 的概念做了简单的解释，也对其应用方法和效果做了详细的讲解，针对用胶片情节的一些特殊色调风格做了实例讲解，还对目前影片的典型色调进行了归纳。希望读者能够在调色技术的基础上，将优秀影片作为工作实践的范例，逐渐培养调色师的专业素质。

第 9 章

管理调色

    DaVinci Resolve 14 拥有完善的项目数据和调色管理能力。本章将详细讲解该软件中数据库管理的知识及迁移调色项目的技巧，另外还将介绍 DaVinci Resolve 14 的画廊、静帧、记忆和版本的相关知识。

9.1 数据库管理

达芬奇支持磁盘数据库和 SQL 数据库，并依靠数据库来组织和管理数据。项目管理器也是基于数据库的，是对项目进行组织和管理的地方，当需要整体迁移项目或者多人协作时，就需要数据库的操作。

9.1.1 默认数据库

达芬奇并不像我们熟悉的 Photoshop、Premiere 等一般的图形图像软件那样将项目存储为一个文件，所以很多初学者在硬盘上并不能找到工程文件，达芬奇的所有项目都可以在项目管理器界面中找到，单击图标 🏠 就可以展开项目管理器界面，所有的项目都存储在数据库中。默认情况下，安装达芬奇就会生成一个名为 LocalDatabase 的磁盘数据库。

下面是默认数据库在 Windows 系统上的位置。

C:\ProgramData\Blackmagic Design\Davinci Resolve\Support\Resolve Disk Database

下面是默认数据库在 MAC 系统上的位置。

Library\Application Support\Blackmagic Design\Davinci Resolve\Resolve Disk Database

 Linux 系统的达芬奇不支持磁盘数据库，只支持 SQL 数据库。

通过理解达芬奇的数据库的层级结构，才能明白它管理和组织数据的方式。

→ Database → Users → Projects → Timelines → Clips → Timecode → Versions → PTZR/Grade

翻译成中文的意思如下。

→数据库→用户→项目→时间线→片段→时间码→版本→ PTZR/ 调色

简言之，每个数据库可以包含多个用户，每个用户可以包含多个项目，每个项目可以包含多个时间线，依此类推。PTZR 就是 Pan/Tilt/Zoom/Rotate(横移 / 竖移 / 缩放 / 旋转)。

9.1.2 数据库面板

在 DaVinci Resolve 14 用户界面的右下角单击【数据库】按钮 🏠，可以打开数据库管理器面板，如图 9-1 所示。

数据库管理器面板中包括一个数据库列表，顶部有功能按钮：备份、恢复、存储、查看信息开关、查找及显示 / 隐藏数据库，在底部有新建数据库按钮。

备份可以把整个数据库打包，可以保存起来，或者在其他计算机上恢复。

新建数据库就是创建新的数据库，删除数据库是把数据库管理器中选择的数据库删掉。

双击数据库列表中的某个数据库将其激活，然后对数据库中的项目进行调色。

下面来演示创建磁盘数据库的方法。

1 在数据库管理器面板中，单击【新建数据库】按钮，弹出【新建数据库】面板，如图 9-2 所示。

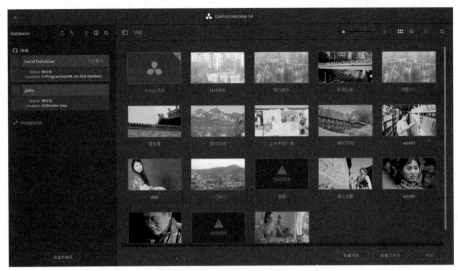

图 9-1

2 在【名称】文本框中重新输入数据库的名称，然后选择磁盘上的存储位置，在【位置】右侧单击选择目录，会弹出一个文件，浏览器可以选择硬盘上的一个目录，作为数据库的存放位置输入标签，如图 9-3 所示。

图 9-2

图 9-3

3 单击【添加】按钮，新建一个数据库，会提示创建成功的信息，如图 9-4 所示。

4 单击 OK 按钮，关闭对话框，数据库创建完成后，会在数据库管理器面板中看到新创建的数据库，如图 9-5 所示。

图 9-4

图 9-5

5 检查一下存放数据库的磁盘文件夹，会发现里面已经新建了一系列层级结构的文件夹，如图 9-6 所示。

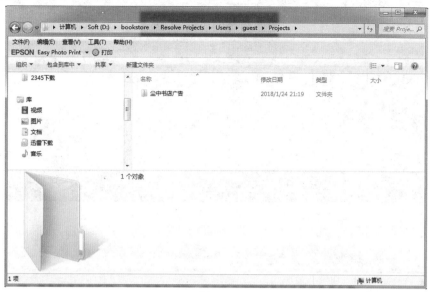

图 9-6

随着工作的不断进行，这个数据库的内容会越来越多。当存在多个数据库时，只有激活的数据库，才能对其中的项目进行编辑和调色工作，如图 9-7 所示。

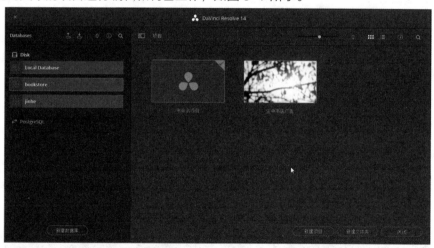

图 9-7

9.2 调色项目管理

当我们弄明白了达芬奇调色系统独特的管理模式，就能找到数据和项目存放的位置，在项目管理面板中可以通过导出和导入、存档和恢复项目，也可以通过数据库的归档和恢复来迁移调色项目及素材。

9.2.1 导入导出项目

在项目管理器面板中找到要导出的项目，在其上右击并在弹出的快捷菜单中选择【导出】命令，如图 9-8 所示。

图 9-8

在弹出的【导出项目文件】对话框中，选择存储位置，也可以重新命名，如图 9-9 所示。

图 9-9

针对完成的调色项目还可以导出静帧和 LUT，这样很方便其他的项目或新添加的片段应用调色信息，如图 9-10 所示。

图 9-10

在弹出的【导出项目文件】对话框中选择存储位置，也可以重新命名。

提示
　　项目导出一个扩展名为 drp 的文件，不包含所需的素材，这些素材需要单独复制并重新链接。

把导出的项目文件和调色所需的素材放置到另一台计算机上，然后在项目管理器面板的空白区右击，在弹出的快捷菜单中选择【导入】命令，选择相应的 drp 文件，如图 9-11 所示。

图 9-11

单击【打开】按钮，将选择的项目导入，并在项目管理器面板中显示，如图 9-12 所示。

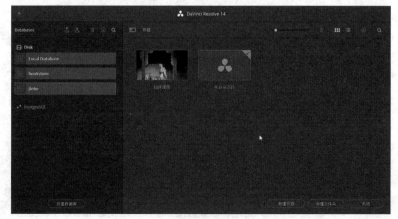

图 9-12

双击打开该项目，可以看到保存的静帧和 LUT 节点，如图 9-13 所示。

图 9-13

　如果本机上没有安装相应的 LUT 文件，达芬奇会弹出警告提示，缺少相应的 LUT 文件并列出 LUT 的名称。

一般情况下，导入后会出现素材失联的情况，如图 9-14 所示。

图 9-14

双击进入【媒体】工作界面，会发现所有丢失的素材和时间线都会显示为失联状态，在红色的预览图上有一个叹号，需要手动链接素材，如图 9-15 所示。

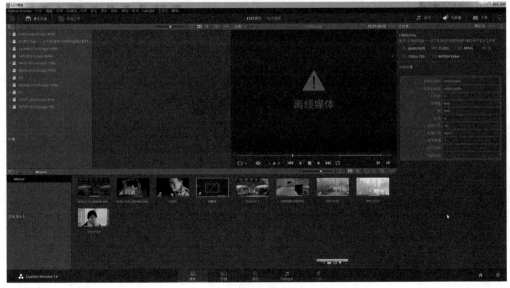

图 9-15

在【媒体】工作界面中，在失联的片段上右击，在弹出的快捷菜单中选择【更改源文件夹】命令，并在弹出的【更改源文件夹】对话框中单击【浏览】按钮，找到相应的素材目录，如图 9-16 所示。

图 9-16

还有一种更快捷的方法，在失联的片段上右击，在弹出的快捷菜单中选择【重新链接选中片段】命令，在弹出的【选择源文件夹】对话框中找到相应的素材目录，如图 9-17 所示。

图 9-17

单击 OK 按钮，连接正确会看到失联的片段恢复正常显示，如图 9-18 所示。

图 9-18

9.2.2 存档与恢复项目

存档项目就是对项目打包，包括项目文件和所需的素材，是迁移项目的最好方式。

在项目管理器面板中找到要存档的项目，在其上右击并在弹出的快捷菜单中选择【存档】命令，如图 9-19 所示。

图 9-19

选择合适的位置，并重新命名，如图 9-20 所示。

图 9-20

单击【保存】按钮，弹出【存档】对话框，其中包括存储位置和选项，如图 9-21 所示。

单击 OK 按钮开始归档，然后查看一下归档的文件夹，其中包括一个 drp 文件和一个媒体文件夹，如图 9-22 所示。

图 9-21

图 9-22

DaVinci Resolve 14 把项目文件连同所需媒体素材一并保存，根据项目大小不同，存档所需的时间也不同。项目文件保留了时间线、静帧等数据，不过所需的 Lut 文件不会被保存，需要单独复制。

要恢复已存档的项目也很方便，在项目管理器面板的空白处右击，在弹出的快捷菜单中选择【恢复】命令，如图 9-23 所示。

图 9-23

在弹出的【恢复项目文件】对话框中选择合适的位置，打开归档的项目文件，如图 9-24 所示。

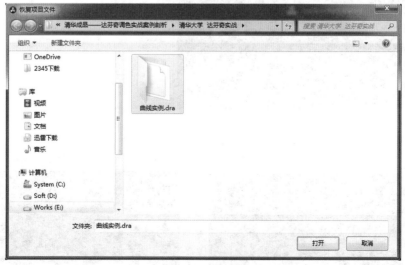

图 9-24

DaVinci Resolve 14 会把整个项目完整地加载进来，包括时间线、静帧及调色信息等，如图 9-25 所示。

图 9-25

 提示　在恢复过程中缺失的 Lut 文件会弹出警告。

　　存档和恢复可以说是迁移项目最高效的方法，但是这只针对单个项目，如果一次迁移多个项目，就要使用备份与还原数据库的方法。

9.2.3　备份数据库

　　在数据库管理器面板中，选择想要备份的数据库，然后单击【备份】按钮■，在弹出的【备份数据库】对话框中，指定数据库的存放路径，还可以修改数据库的名字，如图 9-26 所示。

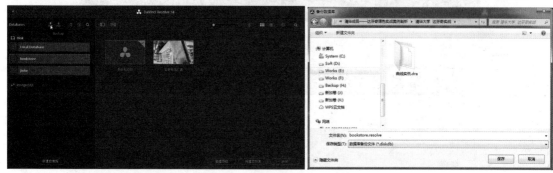

图 9-26

　　根据数据库的复杂程度，备份可能会需要一些时间，如图 9-27 所示。
　　单击【是】按钮，开始进行备份，一旦完成备份会有成功备份的提示信息，如图 9-28 所示。

图 9-27

图 9-28

单击 OK 按钮，关闭对话框，数据库备份完成。

如果要还原数据库，在数据库管理器面板中，单击【还原】按钮 ，在弹出的【选择一个备份文件】对话框中，找到相应的数据库文件，如图 9-29 所示。

图 9-29

单击【打开】按钮，此时会弹出【新建数据库】对话框，可以修改名称和存放目录，也可以自己创建一个文件夹，用来存放数据库，如图 9-30 所示。

单击【创建】按钮，并等待这个过程完成。还原的数据库包括其中的项目，然后即可激活项目并开始编辑或调色工作，如图 9-31 所示。

图 9-30

图 9-31

> **提示**　数据库不包含调色所需的素材，还需要重新转移和链接素材文件。

9.3　画廊与静帧

画廊是管理和组织静帧的地方，静帧不仅可以用作参考画面，还可以保存调色信息，在 DaVinci Resolve 14 调色工作中有着很重要的功能，画廊还提供了在不同数据库、不同项目间复制静帧和记忆的方法，另外，还自带了一些预设的调色静帧，如图 9-32 所示。

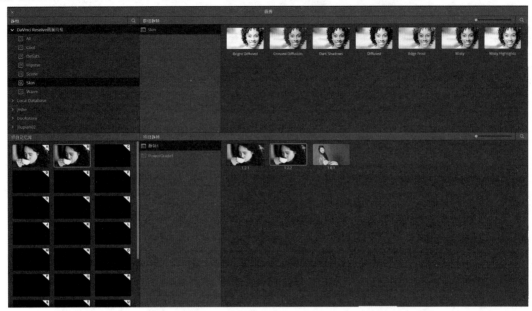

图 9-32

9.3.1 保存与删除静帧

常用的抓取静帧有以下几种方法。

▶ 选择主菜单【显示】|【静帧】|【抓取静帧】命令。

▶ 在监视器上右击，在弹出的快捷菜单中选择【抓取静帧】命令。

▶ 使用调色台抓取静帧。

▶ 可以抓取整个时间线的静帧，在监视器窗口中右击，并在弹出的快捷菜单中选择【抓取所有静帧】命令。

▶ 可以抓取缺失的静帧，在监视器窗口中右击，并在弹出的快捷菜单中选择【抓取缺失的静帧】命令。

如果要删除静帧，在画廊中选择准备删除的静帧，然后按【Delete】键删除，或者右击，在弹出的快捷菜单中选择【删除所选】命令。

打开一个项目，进入【调色】工作界面，选择一个女孩调色的镜头，在监视器窗口中右击，在弹出的快捷菜单中选择【抓取静帧】命令，静帧会自动添加到左侧的画廊中，如图 9-33 所示。

图 9-33

如果要删除其中的一个静帧，在画廊中右击准备删除的静帧，在弹出的快捷菜单中选择【删除所选】命令，这个静帧就从画廊中被删掉了，如图 9-34 所示。

图 9-34

9.3.2 对比静帧

在监视器上比较当前画面与静帧画面，有多种方法播放静帧。

▶ 在画廊中双击一个静帧。

▶ 在画廊中选中一个静帧，然后单击监视器面板左上角的划像图标 。

▶ 在画廊中右击一个静帧，在弹出的快捷菜单中选择【切换划像模式】命令。

▶ 选择主菜单【显示】|【静帧】|【播放静帧】命令，也可以选择【下一个静帧】或【上一个静帧】命令切换用于对比的静帧。

▶ 选择一个静帧，然后在监视器中右击，在弹出的快捷菜单中选择【显示参考划像】命令以播放静帧。

▶ 在调色台上播放静帧。

静帧划像可以进行划像处理，静帧划像的分割线可以拖动，这样便于左右移动滑块来细致地比较画面的不同位置，如图 9-35 所示。

图 9-35

静帧划像的样式有 4 种：水平、垂直、混合和 Alpha。可以通过菜单或者监视器右上角的按钮来切换划像样式。

静帧默认情况下都保存在【静帧 1】中，可以创建额外的静帧和记忆。为了组织和管理静帧，在画廊面板中可以创建和删除静帧集，可以对静帧集重新命名，如图 9-36 所示。

图 9-36

在不同的静帧集之间可以移动静帧，只需拖动静帧到相应的静帧集中即可，如图 9-37 所示。

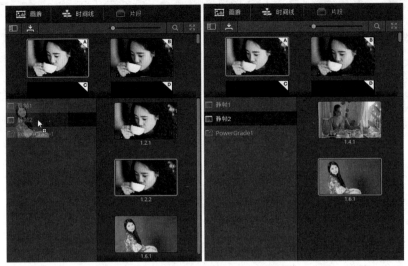

图 9-37

如果要应用这些静帧，只需将选中的静帧拖动到节点连线上，如图 9-38 所示。

图 9-38

该静帧所包含的调色信息就会转移到新的片段，如图 9-39 所示。

图 9-39

 提示　　右击静帧，在弹出的快捷菜单中选择【应用调色】命令，可以直接将调色信息应用给当前的片段。

9.3.3　导入导出静帧

DaVinci Resolve 14 的静帧文件除了图像信息外，更重要的是包含调色节点信息。在静帧上

右击，在弹出的快捷菜单中选择【显示节点图】命令，这样可以查看更为详细的调色信息，如图9-40
所示。

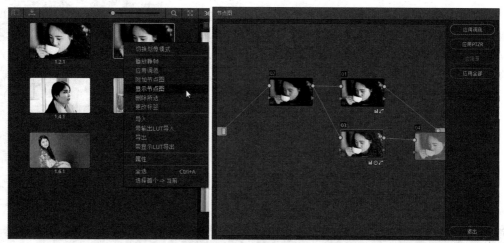

图 9-40

为了很好地保存和分享静帧，在画廊面板中右击需要导出的静帧，在弹出的快捷菜单中选择【导
出】命令，在弹出的【导出静帧】对话框中设置静帧的存储位置、名称和文件格式，然后单击【导
出】按钮，即可完成静帧的导出，如图9-41所示。

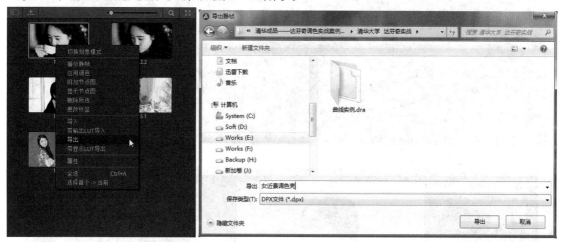

图 9-41

默认情况下，导出的静帧是 dpx 格式，当然导出静帧时可以选择其他图像格式，比如，存储
为 tiff、jpg 等图像格式，这样方便在计算机上直接预览。

 提
示
　　　　　导出静帧还有一种【带显示 LUT 导出】的方式。

DaVinci Resolve 14 支持选择多个片段甚至时间线上所有片段都抓取静帧并导出，这样即使
项目文件损坏或丢失也可以通过静帧把调色信息重新加载回来，但是静帧不能保存跟踪、稳定、
关键帧及 LUT 的信息。

导入静帧的方法是在画廊面板的空白区右击，在弹出的快捷菜单中选择【导入】命令，然后
选择相应的静帧即可导入。

导入时只能选择扩展名为 dpx 的图像文件，其中的调色信息会自动加载。

9.3.4 记忆与 PowerGrade

DaVinci Resolve 14 的画廊中还有一个记忆功能，记忆在默认情况下是隐藏的，但是可以通过单击【记忆】按钮██将其打开，出现在静帧集的上方，一共有 a 到 z 共 26 个，如图 9-42 所示。

可以把静帧保存或者拖放在记忆中，或者直接选择主菜单【调色】|【记忆】中的命令，如图 9-43 所示。

保存记忆之后，可以通过加载记忆的方法快速调色。首先选择一个片段，保存记忆 C，如图 9-44 所示。

选择另一个片段，选择主菜单【调色】|【记忆】|【加载记忆 C】命令，该片段就应用了前面记忆的调色节点信息，如图 9-45 所示。

图 9-42

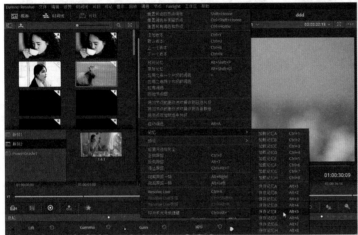

图 9-43

图 9-44

图 9-45

DaVinci Resolve 14 有一个特殊的静帧集，可以与不同的项目之间共享，那就是 PowerGrade，分别在【记忆】、【静帧 1】和 PowerGrade1 中保存几个静帧，如图 9-46 所示。

在项目管理器面板中打开另一个项目，我们查看 PowerGrade1 中的静帧与前一个项目中存储的静帧是相同的，而存储在静帧集和记忆中的静帧是差异很大的，如图 9-47 所示。

图 9-46

图 9-47

在"静帧 A1"上右击，在弹出的快捷菜单中选择【应用调色】命令，当前片段应用了保存的调色节点信息，如图 9-48 所示。

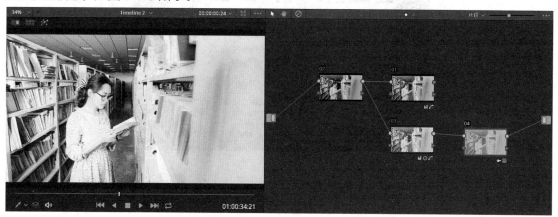

图 9-48

9.3.5 版本和群组

在调色的工作中，我们经常会对一个片段进行多种调色尝试，并保留多个版本用来比对，也方便客户权衡和确定哪一种调色方式。

使用菜单命令或者快捷键都可以为素材片段创建版本，添加新版本的快捷键是【Ctrl+Y】。一个片段可以有多个调色版本，但是起作用的版本只有一个。多个版本可以同时分屏显示在监视器中，也可以切换版本，上一个版本的快捷键是【Ctrl+B】，下一个版本的快捷键是【Ctrl+N】。

在项目设置面板中可以找到【版本】设置面板，在这里可以添加版本预设，有 1 ~ 10 共 10 个名称预设。单击名称栏右侧的向下箭头，可以在里面找到系统提供的预设名，例如，Cool 代表冷调子、Warm 是暖调子、Foreground 是前景等，也可以输入自己的版本名称预设，如图 9-49 所示。

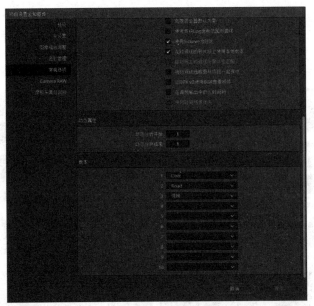

图 9-49

　　如果一个素材片段拥有多个调色版本，开启检视器窗口顶部的【分屏】按钮■，即可在检视器中同时显示出所有的调色版本，方便导演和摄影师面对所有的调色方案进行比较和选择，以确定最终的调色方案，如图 9-50 所示。

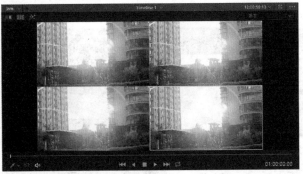

图 9-50

　　在调色时经常会用群组工具组织多个片段，将多个片段进行群组后，DaVinci Resolve 14 可以把复合片段看作一个片段进行调色，在分屏模式下，也可以同时监看这些片段的调色效果，如图 9-51 所示。

图 9-51

创建群组的方法很简单，激活【片段】模式并选择多个片段，然后右击，在弹出的快捷菜单中选择【添加到新群组】命令，在弹出的【群组名称】对话框中可以修改名称，单击 OK 按钮关闭对话框后，可以看到群组中的片段有关联锁标记，如图 9-52 所示。

图 9-52

在节点视图中选择【片段后群组】模式，选择群组中的一个片段进行调整，群组中的所有片段都会发生改变，如图 9-53 所示。

图 9-53

当然也可以对群组中的片段单独进行调整，在节点视图中选择【剪辑】模式，选择群组中的片段，所做的调整不会影响其他的片段，如图 9-54 所示。

图 9-54

9.4 ACES 色彩管理流程

因为不同的设备有不同的色域，就算是一个确定的 RGB 数值，输入不同的设备也会产生不同的颜色，在不同的设备不同的系统中交换图像 RGB 数据时，不同色彩空间下的色彩转换发生混乱，使色彩不能正确再现，为了科学地处理不同色域之间的对应关系，在数字影像制作中，色彩专家引入了"色彩管理"的概念和技术。

在艺术创作中，色彩的一致性和可预测性是个困扰调色师很久的难题，影像艺术和技术工作者一直希望在不同的创作阶段和不同的环境中都能够精确地模拟画面视觉感受，并能有效地传递给观众，为了得到相似的结果，需要给不同的设备输送不同的值。色彩管理就是能够将在一种设备上显示所需要色彩的值转换成在另一台设备上再现同一色彩的值的方法。

随着数字影像技术的发展，制作工具的不断更新，色彩管理工作已经从视觉特效领域全面拓展到前期拍摄和放映的整个工业过程。数字配光调色中的色彩管理，不仅要解决不同的显示设备之间的色彩匹配，还要清楚各种数字摄影机不同的色彩空间设置，然后是精通调色软件的色彩管理流程，掌握色彩转换的特性和规律，获取高品质的影像。数字影像的制作环境越来越丰富，多种样式的设备编码格式越来越复杂，随之也会有些问题，例如前期摄影机如何选择拍摄时的色彩空间，该用什么监视器监看，需要如何转换，后期制作对应的是哪些色彩空间，是用广播级的标准监视器还是直接用计算机的显示器，最后成片输出到什么平台，是否需要再进行色彩空间的转换等，为了应对这种严重困扰创作人员的状况，DaVinci Resolve 14 提供了强大的工具和设置，几乎兼容目前主流的所有色彩空间，并推荐了科学的工艺流程，其中 ACES 流程是质量控制最好、效率最高的一种解决方案。

ACES(学院色彩编码系统)是由 AMPAS(电影艺术与科学学院的简称)制定的色彩管理标准，其目的是通过在视频制作工作流程中采用一个标准化色彩空间来简化复杂的色彩管理工作流程，提高效率。通过 DaVinci Resolve 14 不同的色彩空间可以转换为 ACES 的统一标准，因为 ACES 广泛的色彩和高动态范围不会损失任何细节。ACES 还可以在使用不同的颜色特征的输入和输出设备上，制造出相同的色彩显示。

使用 ACES 是为了在调色中维持色彩保真度，在不同的摄像机上实现颜色的标准化。ARRI、SONY、BMD 等诸多数字摄影机设备的生产厂商都加入了对 ACES 的支持。

DaVinci Resolve 14 中的 ACES 色彩管理流程如图 9-55 所示。它包括以下 4 个环节。

第一个环节是 IDT(Input Device Transform)，输入设备转换。由数字摄影机拍摄、胶片扫描或

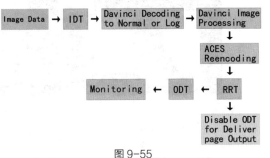

图 9-55

者是从录像机采集到的图像元数据，经过输入设备转换，转换为 ACES 色彩空间，转换完成后才进行调色和应用各种特效。每一种数字摄影机都有各自的 IDT，比如 ALEⅩA 只能用自己的 IDT转换为 ACES 色彩空间。目前，DaVinci Resolve 支持 RED、ALEⅩA、Canon 1D/5D/7D、Sony F65 等多种摄像设备以及 Rec. 709、ADⅩ、CinemaDNG 格式的素材到 ACES 的色彩空间转换。在 DaVinci Resolve 项目设置中选择 DaVinci ACES 色彩空间，如图 9-56 所示。

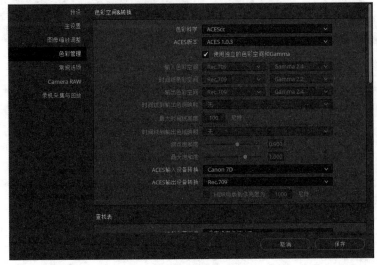

图 9-56

第二个环节是 RRT(Reference Rendering Transform)，参考渲染转换。参考渲染转换将每个数字摄影机或者图像输入设备提供的 IDT 转换成标准的、高精度的、宽动态范围的图像数据，再从 ACES 数据中"还原"图像，把机器语言变成人类感官能接受的最赏心悦目的图像，把转换过的 ACES 素材进行优化输出到最终的显示设备上。

第三个环节是 DaVinci Reslove 色彩校正调色。

第四个环节是 ODT(Output Device Transform)，输出设备转换。准确地将 ACES 素材转换成任何色彩空间，优化后输出到最终的设备上。不同的 ODT 设置对应不同标准的监看和输出，比如，在高清显示器上使用 Rec.709，计算机上使用 sRGB，数字投影机上使用 DCI P3 等。

利用 ACES 色彩空间和特定的 IDT-ODT 流程，可以从任何采集设备获取图像，在校准过的显示器监看和进行调色，最后把它输出成任何格式。ACES 能最大限度地利用输出媒介的色彩空间和动态范围，使"观感"最大化，最大限度地保留色彩的丰富性。

Davinci Resolve 14 的色彩管理包括三大核心板块：输入色彩空间、自身色彩空间和输出色彩空间。

输入色彩空间：是指数字摄影机拍摄或 CG 部门的合成素材自身的色彩空间设定，在进行处理时，匹配源素材色彩空间是最为规范的做法。

自身色彩空间：即时间线色彩空间，是指在进行色彩运算时所采用的运算规则。要选对大类，RGB 和 ⅩYZ，这个很关键。另外，色域只能比输入的色彩空间大，或者匹配输出色彩空间。

输出色彩空间：最后要输出播放的空间，要和播出平台或放映设备匹配。只是如果没有相应的监看系统 (Rec.709 用标监，DCI⅄'Y'Z' 用标放)，DaVinci Resolve 14 的检视器要使用 MacDisplay 色彩方案。

在主项目设置面板中更改【色彩科学】的设定，虽然只是在下拉菜单中调整了一个选项，但是在 DI 系统内部意味着对整个算法的重新定义。

更改完【色彩科学】以后，还需要在【色彩管理】面板中指定三大板块的工作的色彩空间和伽马。一般情况下，色彩空间和伽马是绑定在一起的，选择特定的色彩空间自动加载相应的伽马值。考虑到现在各种设备标准比较多样的实际情况，DaVinci Resolve 14 色彩管理允许使用独立的伽马值，以提高数字配光流程的灵活性和延续调色师的操作习惯。

(1) 输入色彩空间和伽马

RCM 色彩管理的起点是根据不同摄影机拍摄的素材，或 CG 部门提供用于合成的特效文件正确设置输入色彩空间和伽马，这也是正确转换颜色的关键。对于统一的图像素材，推荐在色彩管理面板中进行统一的设置。如果项目中有多种格式的素材，则只能在媒体页面的媒体池中单独设置输入色彩空间，当然可以多选同样格式的素材，右键菜单一起设置，如图 9-57 所示。

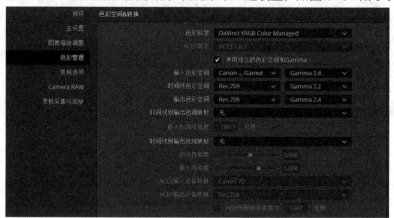

图 9-57

RAW格式文件具有一定的特殊性，从原理上讲，RAW文件的色域实现了摄影机传感器拜耳阵列滤光片阵的最大物理色域，RAW格式的伽马是直线性的，也可以理解为RAW没有加载任何的伽马。所以在DI系统中，RAW文件的色彩空间和伽马曲线的选项处于关闭状态。DaVinci Resolve 14中锁定了RAW文件的解拜耳和直线性伽马，无论后面的流程中选用了哪种色彩空间和伽马，RAW的所有数据都会进入处理流程参与运算，如图9-58所示。

图9-58

(2) 时间线色彩空间和伽马

在ACES的色彩空间转换系统中没有时间线的设定，只有IDT输入转换和ODT输出转换。考虑到DI工程师和大多数的调色师习惯在Log模式下工作，色彩科学中单独增加了ACES Log的选项。如果ODT使用DCI-P3或者是Rec.709，具有更大色域和可变曲率的对数伽马会赋予配光调色更大的弹性空间。

RCM关于时间线色彩空间和伽马的设置模块更好地满足了调色师的工作习惯，允许时间线设定成任何的色彩空间和伽马。虽然能够任意设定，但并不意味着任何一种空间都有正确的色彩表达。sRGB、Rec.709、DCI-P3和Gamma 2.2、2.4、2.6的组合大致能正常转换色彩，因为这几个空间都基于RGB计色制下的色彩模型。而CIE ΛYZ、DCI Λ'Y'Z'和ARRI、RED、SONY等官方的空间混用，一定会造成色彩映射的错误表达。

时间线色彩空间匹配输入色彩空间，如图9-59所示。

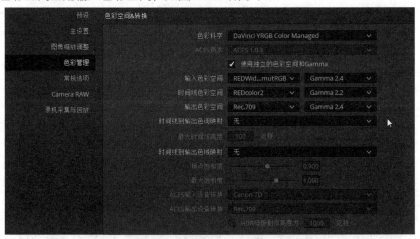

图9-59

需要注意的是，当进行不同的时间线空间设置时，调色工具的灵敏度会发生相应的改变，需要调色师去适应"手感"的变化。一般来说，第一种设置和RCM之前的工作流程"手感"一致，有利于提高工作效率；第二种设置提高了调整的精度，更适合高质量的项目。同样的一段素材当时间线和输入设置均为Canon CinemaGamut空间后进行一级调色，而当时间线和输出设置均为同一空间即Rec.709 Gamma 2.4时，同样的调色参数却产生了不同的效果，如图9-60所示。

图 9-60

科学规范的时间线色彩空间设定应该基于以下两点。

第一，匹配输出色彩空间和伽马。如果输出的色彩空间和伽马是 Rec.709 和 2.4，那么时间线色彩空间匹配进行设置，能够满足大多数影视作品的调色需求。

第二，匹配输入色彩空间和伽马。让 DI 系统在更大的空间下工作，可以更多地保留颜色信息和亮度信息，给调色师预留更多的调整余地。这种设定更加适合精细的制作项目。

(3) 输出色彩空间和伽马

这个板块用来定义 DI 系统的监看设备，最终输出文件的色彩空间和伽马。输出部分的设置在流程上还要分解成两个步骤：首先，在配光调色阶段，必须设置与监看的显示器或监视器一致的色彩空间和伽马，以在监看设备上正确还原颜色。如果是制作数字电影，监看使用 DCI-P3 的监视器，色彩空间和伽马都要设定为 DCI-P3。如果是标准高清监视器，两者要设定为 Rec.709、Gamma 2.4。如果用计算机显示器作为监看设备，两者要设定为 sRGB、Gamma 2.2。其次，在配光调色完成后，输出色彩空间和伽马需要匹配播放平台的色彩空间与伽马。如果是网络平台，要设定为 sRGB、Gamma 2.2；如果是数字影院，则要设定为 DCI X' Y' Z'、Gamma 2.6。

对于高质量的制作项目，输出时色域一般会小于制作时 DI 系统内部用于运算的色域。这种情况就涉及空间裁切的问题，往往会产生意想不到的效果。在实际的工作中，整个 DI 工作完成后，物料制作之前，会直接把项目放到实际的播放环境中检验，根据情况做最后的微调。前面提到，DI 系统在设计时也会考虑到裁切的问题，有相应的策略应对。Davinci Resolve 14 采用"相对比色"的方式，被裁切的色彩会被目标色域内最接近的色彩替代。

9.5　本章小结

本章主要讲解了 Davinci Resolve 14 中管理调色的大部分功能，包括数据库的管理、调色项目的导入与导出、存档与恢复，以及数据库的备份还原，还讲解了画廊、静帧、版本和记忆等复制调色的常用工具，这些功能可以提高调色效率，方便客户和调色师对比及修改创意。

第 10 章

人像调色实例

　　人像调色是调色工作中十分重要的环节，如果在前期拍摄时预先对人物进行服装和化妆造型，所拍摄出的素材比较容易处理，而仓促拍摄的人像素材往往带有多种问题，例如曝光过度、面部粗糙、肤色不正等问题，这些都需要在 Davinci Resolve 14 中进行调整以获得最佳效果。除了这些修正工作外，有时候也会突出人物主体进行特殊的调整。人像调色的风格多种多样，可以是清新的、明艳的，也可以是粗粝的、暗淡的，甚至可以是拥有超现实的影调效果。本章将讲解几种常见的人像调色风格，并在此流程中讲解一些常用的调色技巧。

10.1 过度曝光人像调整实例

1 我们先来看一下这个人物素材和分量图，如图 10-1 所示。

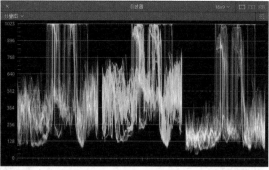

图 10-1

很明显在手心和额头部位已经曝光过度，后面重点修复这一部分，而白色的衬衣其实也存在严重的曝光缺陷，但是这部分是没办法修复的。

2 在监视器中右击，在弹出的快捷菜单中选择【抓取静帧】命令，留作后面做比较。

3 在节点视图中选择第一个节点，在【一级校色条】面板中降低 Gain 选项组中的 Y 数值，同时调整【偏移】值，如图 10-2 所示。

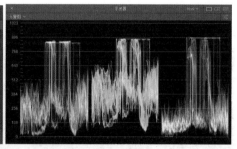

图 10-2

4 在画廊中双击刚才存储的静帧，在监视器中分屏对比，如图 10-3 所示。

5 因为红色通道的顶部严重损失，尝试用蓝色通道和绿色通道混合。在"节点 01"之后添加一个串行节点，激活通道混合器，如图 10-4 所示。

6 查看监视器和分量图，如图 10-5 所示。

7 在监视器左上角单击【划像】图标取消与静帧的对比显示，并查看一下波形图，如图 10-6 所示。

图 10-3

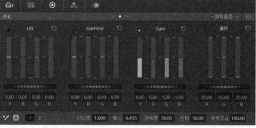

图 10-4

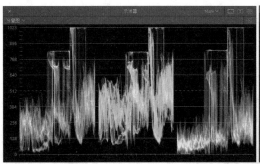

图 10-5

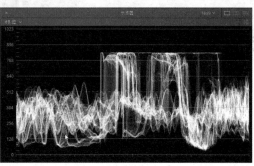

图 10-6

8 再添加一个串行节点，激活【窗口】面板，添加椭圆形窗口，单击【反向】按钮，调整椭圆位置和柔化参数，如图 10-7 所示。

图 10-7

9 单击【限定器】按钮 ，激活【亮度】面板，在监视器中人物的额头部位取色，然后单击【突出显示】按钮 ，并调整【蒙版微调】参数，将人物的面部作为选区，如图 10-8 所示。

图 10-8

10 在【一级校色条】面板中调整 Lift 和 Gain 的数值，降低暗部和高光的亮度，如图 10-9 所示。

11 单击【突出显示】按钮 ，单击【键】按钮，调整【键输出】的【偏移】值，稍降低调整对选区范围影响的强度，如图 10-10 所示。

图 10-9

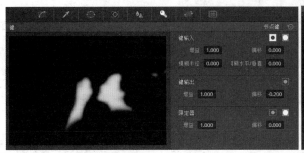 

图 10-10

12 添加一个串行节点，同时连接前一个节点的键输出，如图 10-11 所示。

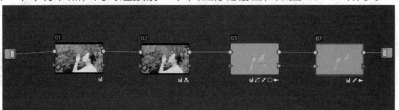

图 10-11

13 激活【键】面板，调整【键输出】的【偏移】值，稍降低调整对选区范围影响的强度，如图 10-12 所示。

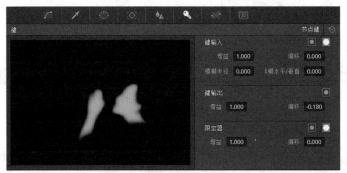

图 10-12

14 激活【限定器】面板，在额头的高亮部位取色，然后调整蒙版微调的数值，如图 10-13 所示。

15 在【一级校色条】面板中进行调整，为过曝的额头部位上色，如图 10-14 所示。

16 添加一个串行节点，调整【一级校色条】面板中的 Gamma 和 Gain 数值，如图 10-15 所示。

17 添加一个串行节点，激活【限定器】，在脸庞部位取色，如图 10-16 所示。

图 10-13

图 10-14

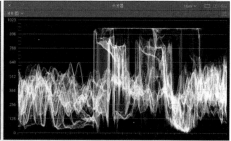

图 10-15

图 10-16

18 在【一级校色条】面板中稍提高 Gamma 数值，这样能够使脸庞和额头部位过渡更自然些，如图 10-17 所示。

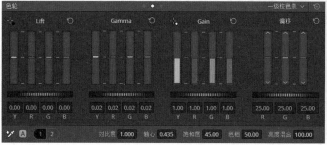

图 10-17

19 添加一个串行节点，调整自定义曲线，稍降低暗部，如图 10-18 所示。

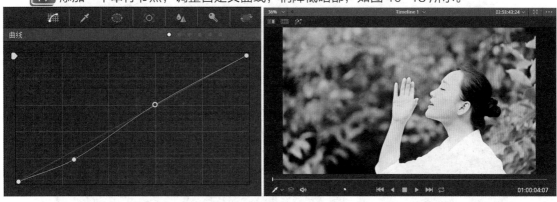

图 10-18

20 切换到【剪辑】工作界面，双屏对比显示源素材和调色后效果，如图 10-19 所示。

图 10-19

21 切换到【调色】工作界面，选择主菜单【调色】|【添加版本】命令，添加一个新的版本，在节点视图中关闭倒数第二个节点，选择主菜单【调色】|【添加版本】命令，再添加一个新版本，在节点视图中选择倒数第三个节点，在【一级校色条】面板中将 Gain 栏中绿色通道的数值由 1.15 降为 1.1，选择主菜单【调色】|【添加版本】命令。

22 在监视器右上角单击快捷菜单按钮，选择【调色版本和原始图像】命令，多屏显示源素材和不同版本的对比效果，如图 10-20 所示。

23 为了检查和对比效果方便，按快捷键 Ctrl+F 全屏显示多版本效果，如图 10-21 所示。

图 10-20

图 10-21

10.2 怀旧风格实例

怀旧风格有着独特的色调以及缺少饱和度的视觉表现。我们选择这样一段素材，是在夏末季节拍摄的，最后的影片需要的季节是秋末，而且是翻拍以前的一部经典电影。源素材和最后效果对比如图 10-22 所示。

图 10-22

1 首先查看源素材的波形图，如图 10-23 所示。

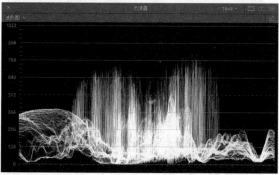

图 10-23

2 抓静帧留待后面比较之用，然后选择"节点 01"，在【一级校色条】面板中调整

Gain 的数值，提高高光部的亮度，如图 10-24 所示。

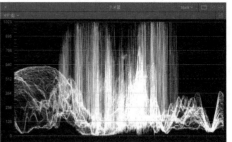

图 10-24

[3] 双击刚才保存的静帧，查看分屏对比效果，如图 10-25 所示。

[4] 展开 Openfx，拖动 Beauty Box 滤镜到节点连线上，添加该节点并调整润肤参数，如图 10-26 所示。

图 10-25

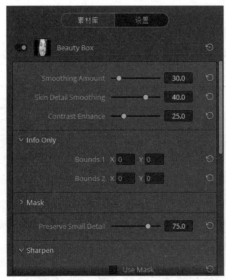

图 10-26

[5] 选择"节点 01"，创建并行节点，然后重新进行连接，并将并行节点改为图层混合器节点，如图 10-27 所示。

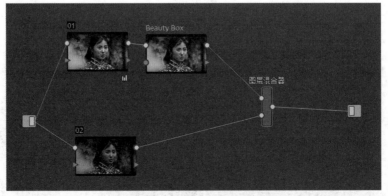

图 10-27

[6] 展开 OpenF入，拖动 Reduce Noise V4 节点到"节点 02"后面的连线上，添加降噪

滤镜节点，如图 10-28 所示。

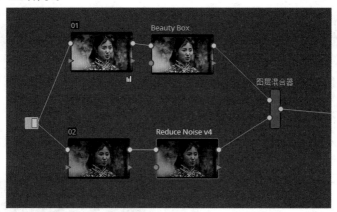

图 10-28

7 在【设置】面板中单击 Prepare Noise Profile 按钮，在弹出的降噪设置窗口中绘制取样框，单击 Auto Profile 按钮，待噪波分析完成，单击 Apply 按钮，关闭窗口并应用降噪处理，如图 10-29 所示。

图 10-29

8 在图层混合器节点上右击，在弹出的快捷菜单中选择【合成模式】|【滤色】命令，通过叠加合成整体提升画面的亮度，如图 10-30 所示。

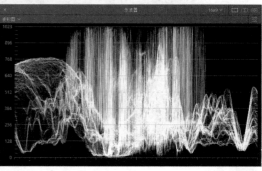

图 10-30

9　选择图层混合器节点，在其后添加一个串行节点，绘制包围脸部的椭圆窗口，如图 10-31 所示。

10　激活【跟踪器】面板，进行云跟踪，这样椭圆选区就可以跟随人物脸部的运动而变化，如图 10-32 所示。

11　激活【曲线】面板，调整自定义曲线，提高中间调的亮度，如图 10-33 所示。

12　继续添加一个串行节点，应用 3D LUT——GC_Phinix_Passion-709，如图 10-34 所示。

图 10-31

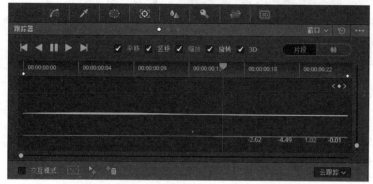

图 10-32

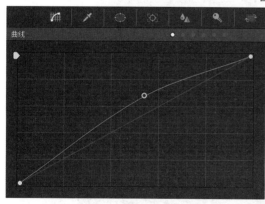

图 10-33

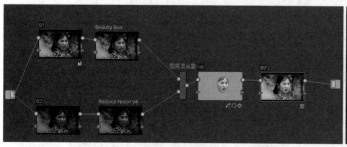

图 10-34

13　再添加一个串行节点，激活【限定器】面板，用吸管在背景绿色区域取色，调整取色范围和蒙版微调参数，如图 10-35 所示。

图 10-35

14 在【一级校色轮】面板中调整色轮轴心、对比度和饱和度，整体改变成暖色调，如图 10-36 所示。

图 10-36

15 在【一级校色条】面板中调整颜色通道，改变红色、绿色和蓝色通道的比例，如图 10-37 所示。

图 10-37

16 激活【模糊】面板，调高半径参数，使背景变模糊，如图 10-38 所示。

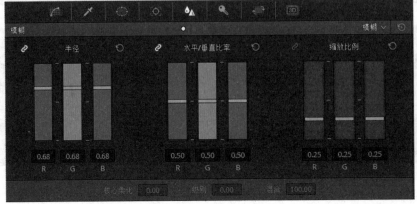

图 10-38

17 继续添加一个串行节点，整体降低饱和度，如图 10-39 所示。

图 10-39

18 最后再添加一个串行节点，激活【色相 VS 饱和度】曲线面板，用吸管在上衣蓝色的滚边上取色，降低该部位的饱和度，如图 10-40 所示。

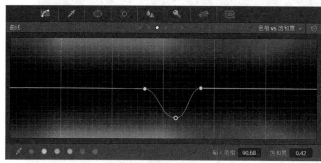

图 10-40

19 选择主菜单【调色】|【添加版本】命令，添加一个新的版本，然后在节点视图中最后的节点之后添加一个串行节点，应用 3D LUT——DCI-P3 Kodak 2383 D55，激活【键】面板，降低【键输出】的偏移值，弱化应用该节点的程度，如图 10-41 所示。

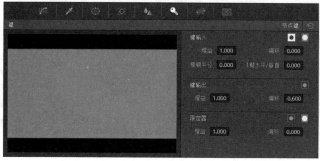

图 10-41

20 选择主菜单【调色】|【添加版本】命令，再添加一个新的版本，选择"节点08"，在【一级校色条】面板中调整【饱和度】为 30，如图 10-42 所示。

图 10-42

21 单击监视器左上角的【分屏】按钮，同时显示多个版本，按快捷键【Ctrl+F】全屏显示，对比查看各个版本的效果，如图 10-43 所示。

图 10-43

10.3 惊悚幽灵风格实例

曾经《暮光之城》的上映在全球激发了人们对吸血鬼这个令人毛骨悚然的非生物的兴趣，导演还运用了大量的近镜头的脸部表情特写，用冷色调大幅度夸张了人物角色的表情，从而表现出各个人物的性格特征及不同时期的心情。下面用一段素材尝试一下这种惊悚幽灵的感觉，如图 10-44 所示。

图 10-44

1 先看看源素材和分量图，如图 10-45 所示。

 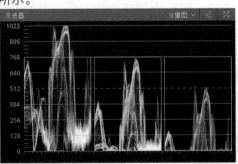

图 10-45

2 在【一级校色条】面板中调整 Gamma 和 Gain 中各通道的数值，增加蓝色比例，如图 10-46 所示。

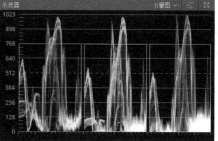

图 10-46

3　查看改变色相后的效果并检查波形图，如图 10-47 所示。

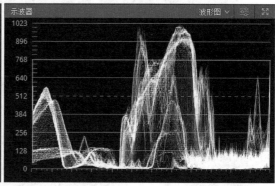

图 10-47

4　添加一个串行节点，在【RGB 混合器】面板中调整各颜色通道，如图 10-48 所示。

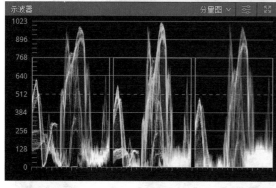

图 10-48

5　添加一个串行节点，在【一级校色轮】面板的底部调整【对比度】和【轴心】的值，如图 10-49 所示。

6　继续添加一个串行节点，激活【窗口】面板，添加椭圆形窗口包围人物的面部，如图 10-50 所示。

7　进行跟踪之后，再激活【限定器】面板，用吸管在背景红色部位取色，调整取色范围和蒙版微调参数，如图 10-51 所示。

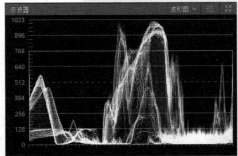

图 10-49

图 10-50

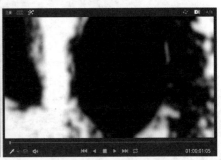

图 10-51

8 在【一级校色轮】面板中调整色轮轴心，改变画面的色相，如图 10-52 所示。

图 10-52

9　再添加一个串行节点，并连接前一个节点的键输出，如图 10-53 所示。

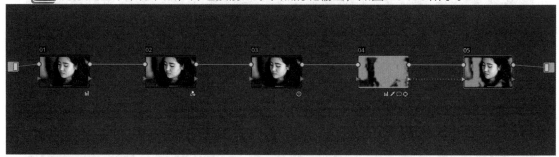

图 10-53

10　在【一级校色条】面板中调整 Gamma 和 Gain 组中红、绿、蓝通道的数值，如图 10-54 所示。

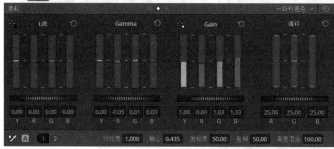

图 10-54

11　选择主菜单【调色】|【添加版本】命令，添加一个新的版本，单击【分屏】按钮对比查看两个版本的效果，如图 10-55 所示。

12　目前激活的是版本 V2，在节点视图中选择最后一个节点，添加 Magic Bullet Looks 节点，如图 10-56 所示。

13　在 OpenFX 设置面板中单击 Edit Look 按钮，选择一个合适的预设，如图 10-57 所示。

14　单击右下角的对号按钮，关闭 LOOKS 面板，调整 Strength 数值为 50.0。按快捷键【Ctrl+F】全屏显示监视器，对比查看两个版本的效果，如图 10-58 所示。

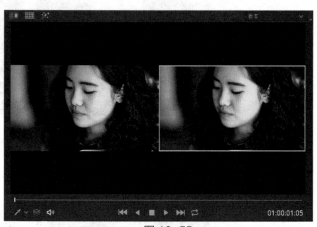

图 10-55

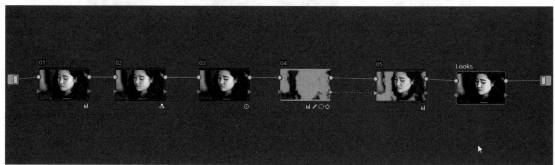

图 10-56

图 10-57

图 10-58

提示

如果想靠近《暮光之城》的蓝绿调，可以增加绿色通道。查看一下原素材和不同版本的效果，如图 10-59 所示。

图 10-59

10.4 战争绿调实例

战争绿色调当推电影《黑鹰坠落》，其实高科技电影《黑客帝国》也大量使用了绿调。下面先目睹一下用自己的素材调成战争绿调的效果，如图 10-60 所示。

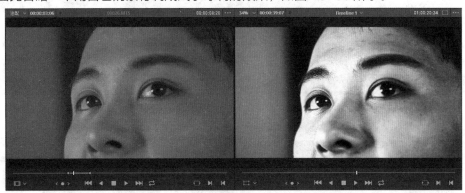

图 10-60

1 首先看一下源素材的波形图和分量图，如图 10-61 所示。

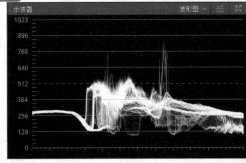 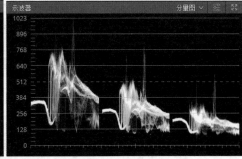

图 10-61

2 在【一级校色条】面板中提高 Gain 和降低 Lift，增加明暗反差，如图 10-62 所示。

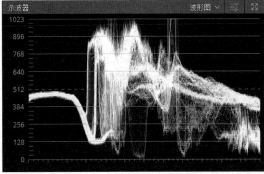 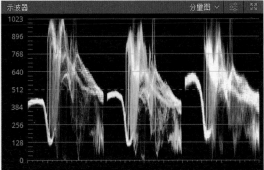

图 10-62

3 添加一个串行节点，应用 3D LUT | ACES | LMT ACES v0.1.1，如图 10-63 所示。

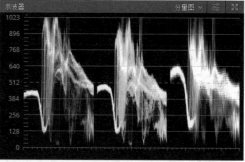

图 10-63

4 添加一个串行节点，应用 3D LUT——8830-Rec709，如图 10-64 所示。

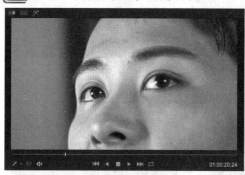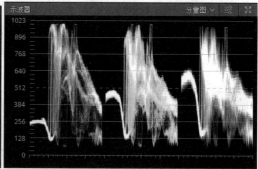

图 10-64

5 添加一个串行节点，在【一级校色轮】面板中调整色相、对比度，如图 10-65 所示。

图 10-65

6 查看波形图和分量图，如图 10-66 所示。

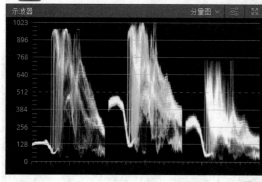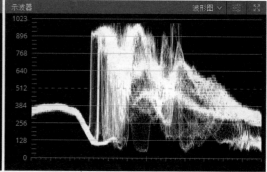

图 10-66

7 添加一个串行节点，激活【色相 VS 色相】曲线面板，从背景的蓝绿色区域取色，调整色相，如图 10-67 所示。

图 10-67

8　添加一个串行节点，激活【亮度 VS 饱和度】曲线面板，降低脸部高亮部位的饱和度，如图 10-68 所示。

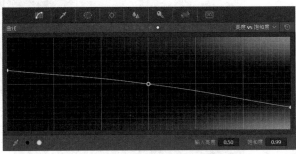

图 10-68

9　添加一个串行节点，调整自定义曲线成 S 形，增大反差，如图 10-69 所示。

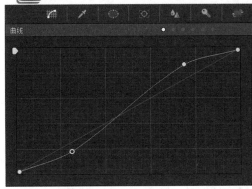
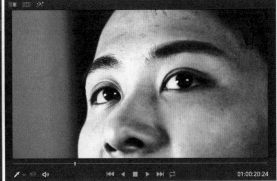

图 10-69

10　选择主菜单【调色】|【添加版本】命令，单击监视器左上角的【分屏】按钮，对比显示不同版本，如图 10-70 所示。

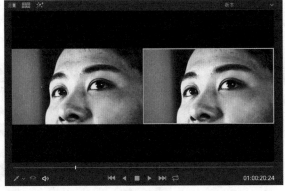

图 10-70

11 选择最后一个节点，激活【模糊】面板，调整锐化半径，如图 10-71 所示。

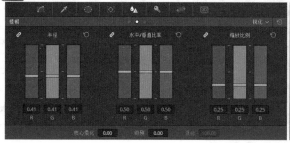

图 10-71

12 在监视器中双击第一个版本，选择主菜单【调色】|【添加版本】命令，再添加一个版本，选择最后一个节点，添加一个串行节点，应用 3D LUT | Film Loos | DCI-P3 Fujifilm 3513D1 D55，有很强的对比度，而且脸部还减弱了绿色，如图 10-72 所示。

13 激活【键】面板，调整【键输出】的【偏移】数值，可以弱化该节点的效果，如图 10-73 所示。

14 在监视器右上角单击下拉菜单按钮，弹出菜单，从中选择【调色版本和原始图像】命令，按快捷键【Ctrl+F】全屏显示，对比源素材和不同版本的效果，如图 10-74 所示。

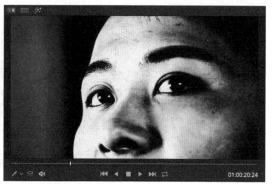

图 10-72

图 10-73

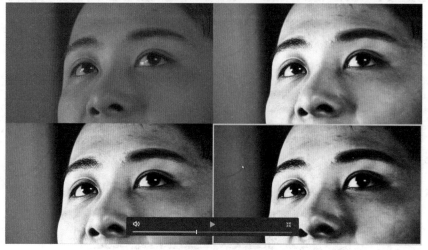

图 10-74

10.5　清新靓丽风格实例

先看一下源素材和清新靓丽的效果对比，如图 10-75 所示。

图 10-75

[1] 进入【调色】工作界面，查看波形图和分量图，如图 10-76 所示。

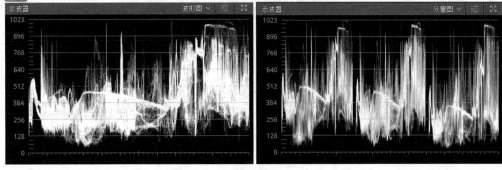

图 10-76

[2] 选择第一个节点，在【一级校色条】面板中提升 Gamma 和 Gain，降低 Lift，如图 10-77 所示。

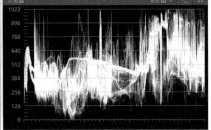

图 10-77

[3] 添加一个串行节点，激活【窗口】面板，创建一个渐变窗口，如图 10-78 所示。

图 10-78

4 调整自定义曲线，提升高亮部和中间调的亮度，如图 10-79 所示。

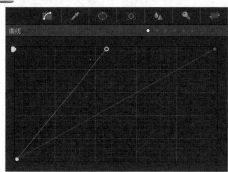

图 10-79

5 添加并行节点，连接"节点 02"的键输出端到"节点 03"的键输入端，并行节点转化为图层混合器节点，选择合成模式为【深色】，如图 10-80 所示。

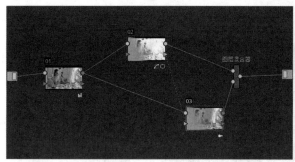

图 10-80

6 这样就增加了右侧脸的光照，又没有改变窗口绿植和天空的亮度。继续添加一个串行节点，激活【窗口】面板，添加椭圆形窗口，设置【柔化】参数，如图 10-81 所示。

图 10-81

7 在【一级校色条】面板中提升 Gain 的亮度，然后调整自定义曲线，使人物的肌肤更加粉嫩，如图 10-82 所示。

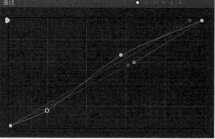

图 10-82

8　查看监视器效果和矢量图，如图 10-83 所示。

图 10-83

9　添加一个串行节点，激活【色相 VS 饱和度】曲线面板，在绿植部位取色，提升饱和度，如图 10-84 所示。

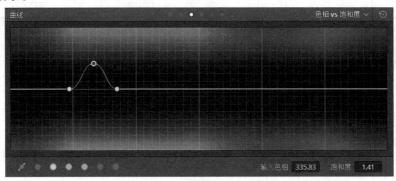

图 10-84

10　激活【亮度 VS 饱和度】曲线面板，提升高亮区域的饱和度，如图 10-85 所示。

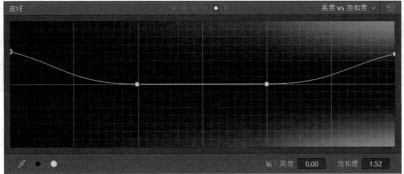

图 10-85

11　添加一个串行节点，激活【色相 VS 饱和度】曲线面板，在人物脸部取色，稍提升肤色的饱和度，如图 10-86 所示。

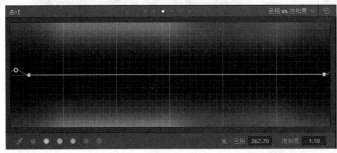

图 10-86

12 添加一个串行节点，激活【窗口】面板，创建一个椭圆形窗口，调整窗口的形状、位置和柔化参数，如图 10-87 所示。

图 10-87

13 在【一级校色条】面板中降低 Lift 的亮度，增强画面周边的暗部，如图 10-88 所示。

图 10-88

14 选择主菜单【调色】|【添加版本】命令，添加一个新的版本，单击监视器左上角的【分屏】按钮，对比显示不同版本的效果，如图 10-89 所示。

图 10-89

15 选择最后一个节点，激活【模糊】面板，调整【半径】数值，使人物的外周边区域变得虚化，如图 10-90 所示。

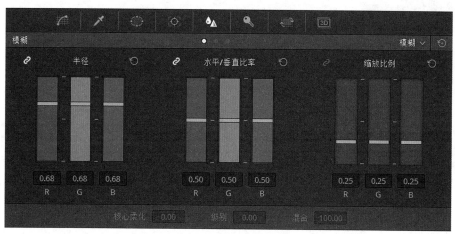

图 10-90

[16] 在监视器右上角选择下拉菜单中的【调色版本和原始素材】选项，按快捷键【Ctrl+F】，全屏显示不同版本，查看和对比效果，如图 10-91 所示。

图 10-91

10.6 本章小结

本章主要讲解人像的校正和调色实例，针对过曝缺陷的素材讲述了尽量完善的调整方法，还重点讲解了典型的风格调色，如怀旧、幽灵、清新等的节点组合技巧。

第 11 章

物业公司宣传片调色实例

　　宣传片是运用制作电视和电影的表现手法，对企业内部的各个层面有重点、有主题、有秩序地进行文案策划、前期拍摄、后期剪辑、配音配乐及调色合成而完成的影片，运用独特的创意构架、优美的镜头画面、流畅的影视语言，能够声色并茂地凸显企业独特的风格面貌，彰显企业实力，让社会不同层次的人士对企业产生正面的、良好的印象，从而建立对该企业的好感和信任度，并信赖该企业的产品或服务。

　　目前，宣传片早已不仅限于企业和产品宣传，而延伸到了更大的业务范围，包括城市形象宣传片、城市旅游招商宣传片、榜样人物宣传片、电视栏目宣传片等，都在创意、画面和色彩风格方面有着比较高的要求。

　　本章以一个优秀的物业公司宣传片为例来讲解外景地调色的常用方法。

11.1　门庭外景素材变速

这是一个比较长的运动镜头，从大门外一直到门里，直到水系广场，而在宣传片中没有太长的时间留给它。采用开头两秒和最后一秒半都保持原速度，中间部分加速到将近 300%。

1 在时间线上选择该片段，创建复合片段并打开复合片段，如图 11-1 所示。

图 11-1

2 在该片段上右击，在弹出的快捷菜单中选择【变速曲线】命令，在时间线上查看速度曲线，如图 11-2 所示。

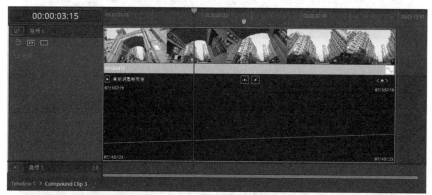

图 11-2

3 拖动当前指针到 2 秒和 8 秒，分别在速度曲线上添加关键帧，如图 11-3 所示。

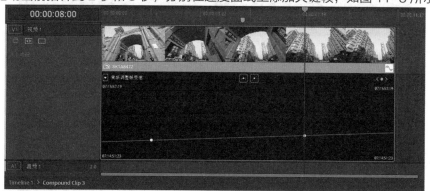

图 11-3

4 在该片段上右击，在弹出的菜单中选择【变速控制】命令，查看代表速度的系列小圆点和速度值，如图 11-4 所示。

5 向上拖动第二个关键帧，改变第二部分的速度，片段缩略图顶部的小圆点的疏密程度能体现速度的变换，当然数值也发生了改变，如图 11-5 所示。

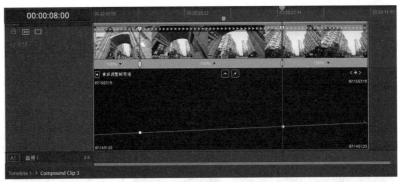

图 11-4

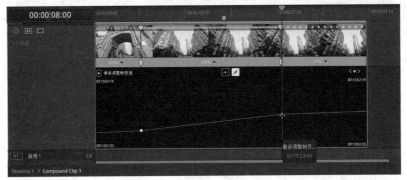

图 11-5

6 拖动当前指针到 4 秒，拖动第二个关键帧向左移动对齐当前指针，也就是把第二个关键帧时间的素材速度大大提高了，反而造成第二个关键帧后面的素材减慢了速度，如图 11-6 所示。

图 11-6

7 拖动当前指针到 5 秒 14 帧，按快捷键【Ctrl+B】切断该片段，如图 11-7 所示。

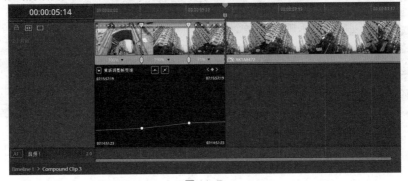

图 11-7

8 删除第二片段，右击速率值右侧的下拉菜单按钮，从菜单中选择 100%，这样第二个关键帧后面的素材速度恢复到 100%，如图 11-8 所示。

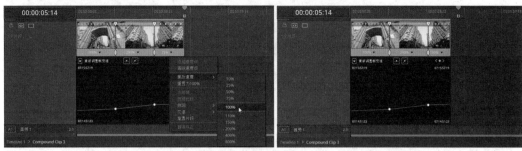

图 11-8

⑨ 将光标放置于片段的末端，延长该片段的终点至 5 秒 14 帧，如图 11-9 所示。

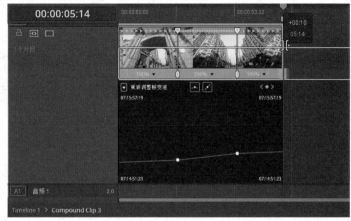

图 11-9

⑩ 分别选择这两个关键帧，单击【曲线】按钮，将速度曲线变成光滑曲线，避免了不同速度转接时的不顺畅，如图 11-10 所示。

图 11-10

⑪ 该片段的非匀速变速就完成了，可以播放这段素材查看变速的效果。

11.2　门庭外景镜头调色

在媒体池中双击 TimeLine1 按钮，当前指针就停留在复合片段上，然后进入【调色】工作界面，我们把这个镜头作为第一个调色镜头，也会作为后面工作的参考。

① 先来看看这个片段的波形图和分量图，如图 11-11 所示。

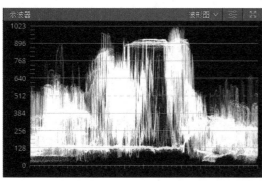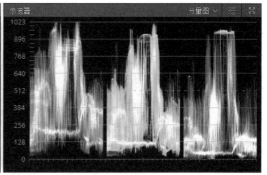

图 11-11

2 选择"节点 01",在【一级校色条】面板中降低 Lift,稍提高 Gamma 组中的红色通道、降低蓝色通道,提升 Lift 组中的红色通道、降低蓝色和绿色通道,使画面增加暖调,如图 11-12 所示。

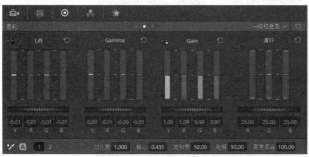

图 11-12

3 添加一个串行节点,激活自定义【曲线】面板,用吸管在天空区域取色,调整天空区域的颜色,如图 11-13 所示。

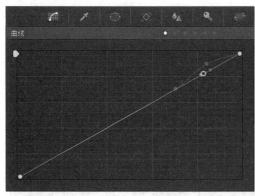

图 11-13

4 添加一个串行节点,激活【限定器】面板,在天空区域取色,调整选区范围和蒙版微调参数,如图 11-14 所示。

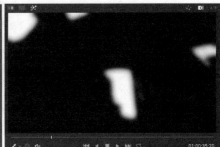

图 11-14

5 在【一级校色条】面板中调整中间调和高光的色相，增加天空的蓝色，如图 11-15 所示。

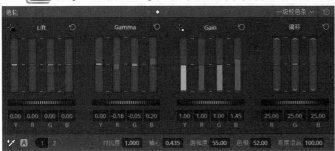

图 11-15

6 拖动当前指针到该片段的起点，激活【窗口】面板，围绕门牌添加一个矩形窗口，如图 11-16 所示。

图 11-16

7 激活【跟踪器】和【关键帧】面板，展开【校正器 3】，在【线性窗口】对应的轨道上创建 3 个动态关键帧，创建窗口跟随白色门牌的位置动画，如图 11-17 所示。

图 11-17

8 添加一个串行节点，调整自定义曲线，提升亮部的亮度，如图 11-18 所示。

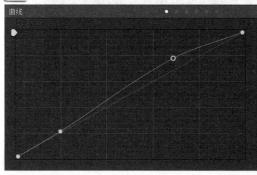

图 11-18

9 选择主菜单【调色】|【添加版本】命令，添加一个新的版本，单击监视器左上角的【分屏】

按钮 ，对比显示两个版本的效果，如图 11-19 所示。

图 11-19

10 选择最后的节点，添加一个串行节点，应用 3D LUT——8620-Rec709，激活【键】面板，降低【键输出】的偏移值，稍减弱应用 LUT 的效果，如图 11-20 所示。

图 11-20

11 单击监视器右上角的下拉菜单按钮，在弹出的菜单中选择【调色版本和原始图像】命令，按快捷键【Ctrl+F】全屏显示，对比查看原素材和不同版本的效果，如图 11-21 所示。

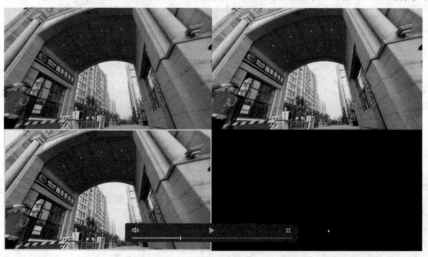

图 11-21

11.3 朝霞女孩镜头调色

下面这个镜头是早晨迎着朝阳拍摄的，小女孩欢快地奔跑着，参照前面门庭的色调，这个镜头也要调成暖洋洋的感觉。

1　选择朝霞女孩这个片段，查看波形图，如图 11-22 所示。

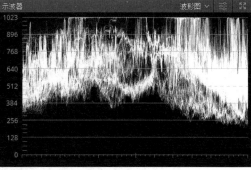

图 11-22

2　选择第一个节点，在【一级校色条】面板中降低 Lift 的亮度、提升 Gamma 的亮度，增加高光的红色成分，如图 11-23 所示。

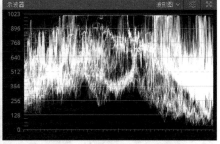

图 11-23

3　在监视器右上角单击下拉菜单按钮，选择【调色版本和原始图像】命令，对比显示原素材和调色版本的效果，如图 11-24 所示。

4　添加一个串行节点，调整自定义曲线，稍降低红色中间调，如图 11-25 所示。

5　添加一个串行节点，激活【窗口】面板，添加一个椭圆形窗口，调整窗口的位置、大小和柔化参数，如图 11-26 所示。

6　激活【跟踪器】面板，进行云跟踪，如图 11-27 所示。

图 11-24

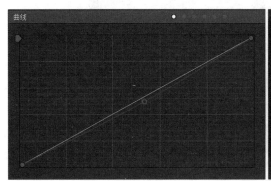

图 11-25

图 11-26

图 11-27

7 在【一级校色条】面板中降低 Gain 的亮度，并调整色相偏暖，如图 11-28 所示。

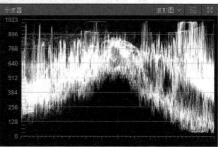

图 11-28

8 查看监视器原始图像，和当前版本对比效果，如图 11-29 所示。

图 11-29

9 添加一个串行节点，并连接前一个节点的键输出，如图 11-30 所示。

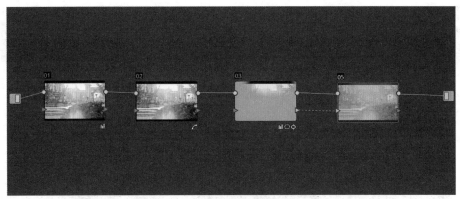

图 11-30

10 选择"节点 05",激活【键】面板,调整【键输出】的参数,如图 11-31 所示。

图 11-31

11 在【一级校色条】面板中调整 Gain 的亮度和色相,如图 11-32 所示。

图 11-32

12 添加一个串行节点,应用 3D LUT ——8620-Rec709,激活【键】面板,降低【键输出】的偏移值,弱化该节点的影响程度,如图 11-33 所示。

图 11-33

13 按快捷键【Ctrl+F】全屏显示监视器,对比当前版本和原始图像的效果,如图 11-34 所示。

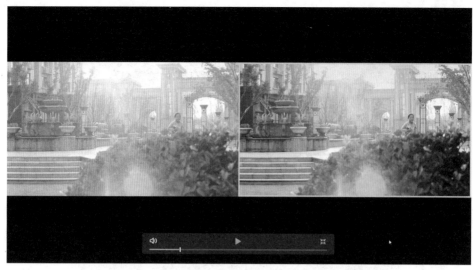

图 11-34

11.4　逆光清洁女工调色

　　这个清洁女工的镜头完全是为了保留高楼的背景，又恰巧避不开逆光，在宣传片中希望展现劳动者的画面，所以需要重点调整人物的亮度和色调，如图 11-35 所示。

图 11-35

　1　因为这个镜头有点逆光，实在过于暗淡，先检查一下波形图和分量图，如图 11-36 所示。

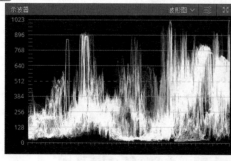
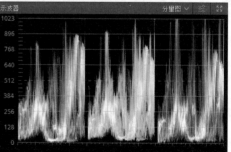

图 11-36

　2　添加一个并行节点，然后转化为图层混合器节点，选择合成模式为【滤色】，如图 11-37 所示。

　3　选择下面的"节点 05"，激活【窗口】面板，添加一个渐变蒙版，调整蒙版的位置、大小和柔化参数，如图 11-38 所示。

图 11-37

图 11-38

4 在图层混合器节点上右击，在弹出的快捷菜单中选择【添加一个输入】命令，增加一个输入端，如图 11-39 所示。

5 在节点视图中空白处右击，在弹出的快捷菜单中选择【添加节点】|【校正器】命令，添加一个节点，并进行连接，如图 11-40 所示。

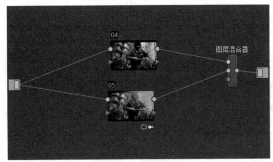

图 11-39

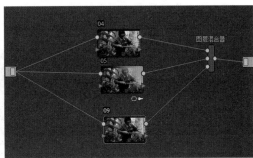

图 11-40

6 选择新添加的节点，激活【窗口】面板，在女工的脸部添加一个椭圆形蒙版，并进行跟踪，如图 11-41 所示。

图 11-41

7 调整自定义曲线，提高脸部的亮度，如图 11-42 所示。

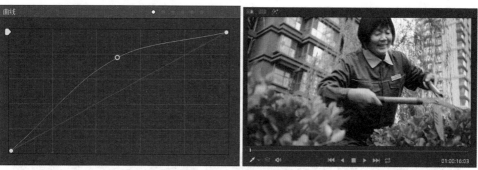

图 11-42

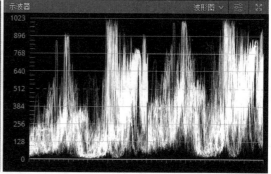

图 11-43

9 单击【分屏】按钮只显示当前版本，添加一个串行节点，在【一级校色条】面板中调整 Gain 的色相，如图 11-44 所示。

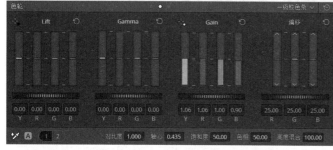

图 11-44

10 添加一个串行节点，激活【曲线】面板，在绿植区域取色，调整自定义曲线，增强绿色通道，如图 11-45 所示。

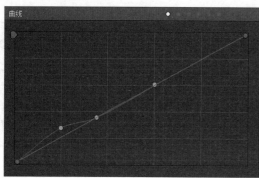

图 11-45

11 添加一个串行节点，调整自定义曲线，降低蓝色通道，提升高光亮度，如图 11-46 所示。

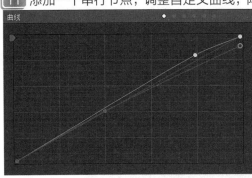

图 11-46

12 添加一个串行节点，调整校色轮和校色条，如图 11-47 所示。

图 11-47

13 查看监视器中调色效果和波形图，如图 11-48 所示。

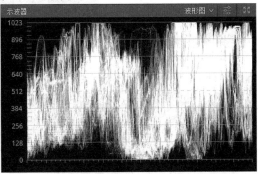

图 11-48

14 添加一个串行节点，应用 3D LUT ——8620-Rec709，激活【键】面板，降低【键输出】的偏移值为 -0.2，稍弱化 LUT 作用的效果，查看监视器中调色的效果，如图 11-49 所示。

15 选择主菜单【调色】|【添加版本】命令，单击左上角的【分屏】按钮▥，分屏对比显示原素材和不同版本的效果，如图 11-50 所示。

图 11-49
图 11-50

16 连接"节点06"的键输出，如图11-51所示。

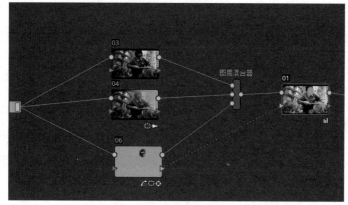

图 11-51

17 选择"节点04"，激活【键】面板，调整【键输出】的偏移值，稍减少脸部的亮度，如图11-52所示。

图 11-52

18 按快捷键【Ctrl+F】全屏显示监视器，对比原始图像和调色版本的效果，如图11-53所示。

图 11-53

11.5 更换天空背景

下面这个片段不仅色调偏冷，惨白的天空也需要更换，如图11-54所示。

图 11-54

1　首先在【剪辑】工作界面中将这段素材进行复合，然后打开复合片段的时间线，将该素材拖动到视频轨道【V2】上，在【V1】轨道上添加一段白云素材，如图 11-55 所示。

图 11-55

2　进入【调色】工作界面，查看波形图和分量图，如图 11-56 所示。

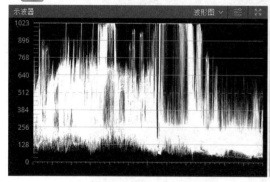
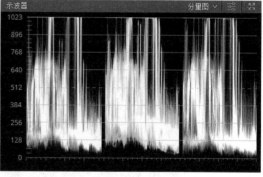

图 11-56

3　选择"节点 01"，在【一级校色条】面板中进行亮度和色相的调整，如图 11-57 所示。

图 11-57

4　添加一个串行节点，在楼墙面上取色，调整自定义曲线，稍增加楼体的红色，如图

11-58 所示。

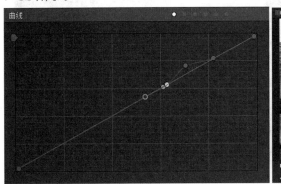

图 11-58

5 在节点视图中空白处右击，在弹出的快捷菜单中选择【添加节点】|【校正器】命令，添加一个校正器节点，自动命名为"节点 03"，如图 11-59 所示。

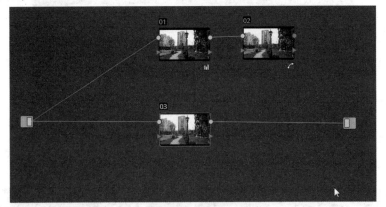

图 11-59

6 选择主菜单【节点】|【添加分离器/结合器节点】命令，添加【分离器】和【结合器】节点，并分离红、绿、蓝 3 个通道，如图 11-60 所示。

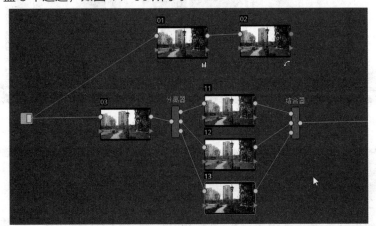

图 11-60

7 删除【结合器】节点，只保留蓝色通道，调整曲线进行亮度反转，如图 11-61 所示。

8 添加一个串行节点，调整自定义曲线，提高亮度和对比度，如图 11-62 所示。

9 激活【模糊】面板，调整半径数值，如图 11-63 所示。

10 在节点视图中空白处右击，添加一个校正器节点，激活【窗口】面板，参照白色天空区域绘制一个多边形窗口，如图 11-64 所示。

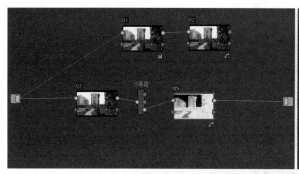
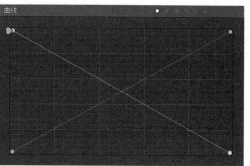

图 11-61

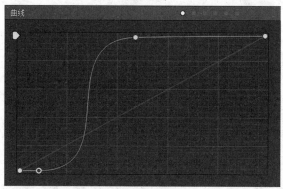

图 11-62

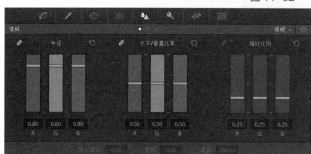

图 11-63

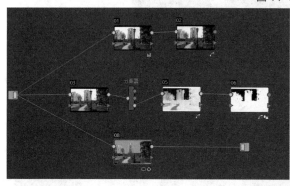

图 11-64

[11] 激活【跟踪器】面板，进行云跟踪，然后调整动态关键帧，调整多边形蒙版的形状，如图 11-65 所示。

[12] 在节点视图中右击，在弹出的快捷菜单中选择【添加节点】|【键混合器】命令，添加一个键混合器节点，再次右击节点视图，在弹出的快捷菜单中选择【添加 Alpha 输出】命令，然后进行连接，如图 11-66 所示。

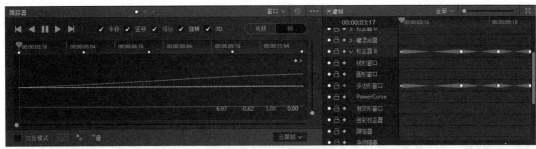

图 11-65

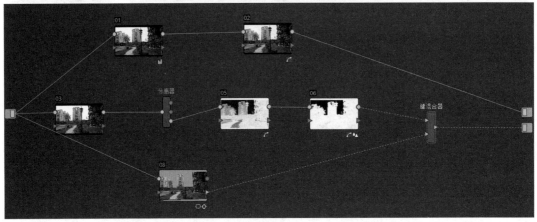

图 11-66

13 此时在监视器中看到了楼群作为前景，而云素材作为天空的背景，如图 11-67 所示。

图 11-67

14 在节点视图中双击"键混合器"节点，激活【键】面板，调整【输入链接 2】的偏移值，减弱云素材的显示比例，如图 11-68 所示。

图 11-68

11.6 天空跟踪运动

1️⃣ 由于楼群这个镜头是摇镜头，需要替换的天空也要跟随运动。添加一个校正器节点，添加一个矩形窗口，如图 11-69 所示。

图 11-69

2️⃣ 激活【跟踪器】面板，执行云跟踪，如图 11-70 所示。

图 11-70

3️⃣ 单击快捷菜单按钮，选择【复制跟踪数据】命令，如图 11-71 所示。

图 11-71

4️⃣ 单击【V1】轨道，激活【跟踪器】面板，选择传统稳定器，粘贴跟踪数据，调整【强】、【平滑度】的数值并勾选【缩放】复选框，如图 11-72 所示。

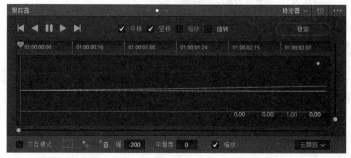

图 11-72

⑤ 单击【稳定】按钮，执行运算，赋予天空跟踪运动，如图 11-73 所示。

图 11-73

⑥ 激活【调整大小】面板，调整云图像的大小和位置，如图 11-74 所示。

图 11-74

⑦ 拖动当前指针查看云跟随楼群摇镜头的运动情况，如图 11-75 所示。

图 11-75

⑧ 单击【V1】轨道，选择"节点06"，调整自定义曲线，改善楼顶部的半透明缺陷，如图 11-76 所示。

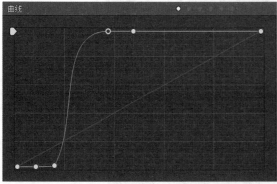

图 11-76

⑨ 选择"节点01"，在【一级校色轮】面板中降低饱和度，如图 11-77 所示。

⑩ 激活【模糊】面板，调整半径数值，使远处的白云变得模糊一点，如图 11-78 所示。

图 11-77

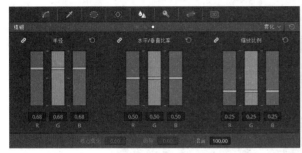

图 11-78

11 添加一个串行节点，激活【窗口】面板，添加渐变蒙版，调整自定义曲线，提升中间调和高亮部的亮度，如图 11-79 所示。

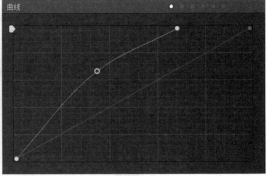

图 11-79

12 切换到【剪辑】工作界面，在媒体池中双击时间线 "TimeLine 1"，当前选择的片段就是替换天空背景的复合片段，切换到【调色】工作界面，选择 "节点 01"，在【一级校色轮】面板中调整亮度和色调，如图 11-80 所示。

图 11-80

13 添加一个串行节点，在天空蓝色区域取色，调整自定义曲线，如图 11-81 所示。

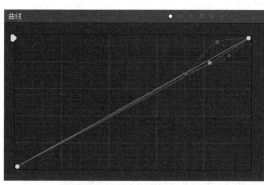

图 11-81

14 添加一个串行节点，应用 3D LUT ——8620-Rec709，激活【键】面板，降低【键输出】的偏移值为 -0.2，查看监视器中的调色效果，如图 11-82 所示。

图 11-82

15 我们跟前面门庭的镜头做一下比较，如图 11-83 所示。

图 11-83

16 添加一个串行节点，在【一级校色条】面板中调整 Gamma 和 Gain 的数值，如图 11-84 所示。

图 11-84

[17] 选择主菜单【调色】|【添加版本】命令，单击【分屏】按钮，然后选择第一个版本，在节点视图中删除最后一个"节点 04"。

[18] 激活第二个版本，在节点视图中选择最后的"节点 04"，在【一级校色条】面板中调整参数，如图 11-85 所示。

图 11-85

[19] 按快捷键【Ctrl+F】全屏显示原始图像，和不同版本进行比较，如图 11-86 所示。

图 11-86

11.7　本章小结

　　本章以一个物业公司宣传片的调色为例，讲解了不同场景和光照状况下的校正和调色流程与方法。毕竟作为宣传片来说不可能做到完美的前期准备，素材的校正会是后期剪辑之后非常重要的工作，最后还重点讲解了在 DaVinci Resolve 14 中更换不完美的天空的技巧。

第 12 章

书店广告片调色实例

　　影视广告片广泛用于企业形象宣传、产品推广，具有广泛的社会接受度。广告影片不仅强调广告的主题，因为篇幅很短，在视觉方面有着非常高的要求，在决定一部作品的视觉效果时，色调绝对是关键性的因素之一。依不同主题而设定的色调，能将观众快速带入影像情境中，形成大脑对颜色很直观的对比印象，从而增强记忆力和感染力。专业的广告画面调色过程比较综合，从背景到人物再到细节。处理时需要根据自己的审美观去发挥，把画面中一些有瑕疵的部分尽可能地美化，尤其多注重细节部分，画面才会细腻。

本章以一个颇有文艺味道的书店的广告片为例来讲解其中几个主要镜头的调色方法。先看看该影片剪辑完成的时间线，如图 12-1 所示。

图 12-1

12.1　书架女生调色

1 先来看看这个片段的波形图和分量图，色调偏暖，同时暗部偏弱，如图 12-2 所示。

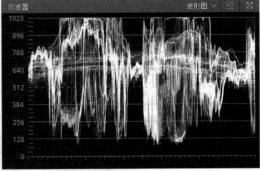

图 12-2

2 选择"节点 01"，在【一级校色条】面板中降低暗部的亮度和中间调的红色，如图 12-3 所示。

图 12-3

3 激活【模糊】面板，向下调整锐化半径的数值，提高画面的锐度，如图 12-4 所示。

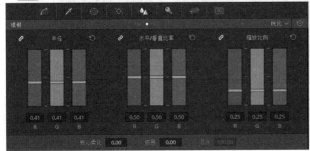

图 12-4

4 添加一个串行节点，调整自定义曲线，提高亮度，如图 12-5 所示。

5 在【一级校色条】面板中调整 Lift，稍降低暗部，如图 12-6 所示。

6 在监视器左上角单击【分屏】按钮，单击右上角的下拉菜单按钮，选择【调色版本和原始图像】命令，对比显示原素材和调色效果，如图 12-7 所示。

7 添加一个串行节点，在书架上取色，激活【色相 VS 饱和度】曲线面板，降低木条部位的饱和度，如图 12-8 所示。

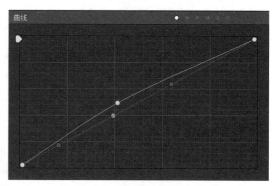

图 12-5

图 12-6

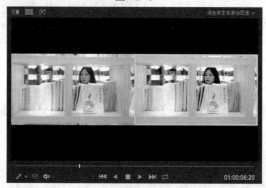

图 12-7

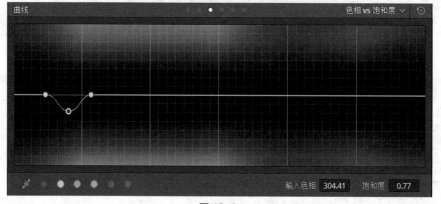

图 12-8

8 激活【亮度 VS 饱和度】曲线面板，降低暗部的饱和度，如图 12-9 所示。

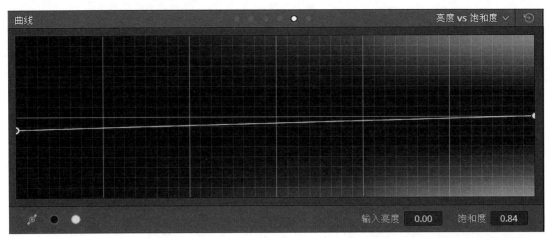

图 12-9

9️⃣　对比原始图像和调色版本的效果，如图 12-10 所示。

🔟　添加一个串行节点，激活【限定器】面板，用吸管在女生脸部取色，调整选区范围和蒙版微调参数，如图 12-11 所示。

1️⃣1️⃣　单击【突出显示】按钮，在【一级校色条】面板中提升 Gamma 的亮度，如图 12-12 所示。

1️⃣2️⃣　单击【分屏】按钮，恢复对比显示，按快捷键【Ctrl+F】，全屏显示原始图像和调色版本的效果，如图 12-13 所示。

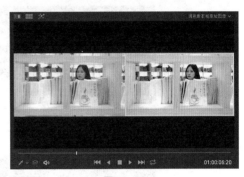

图 12-10

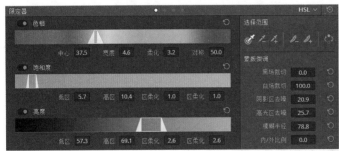

图 12-11

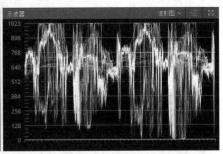

图 12-12

1️⃣3️⃣　在监视器中右击调色版本，在弹出的快捷菜单中选择【抓取静帧】命令，在【画廊】中保存一张静帧，留待后面作为参照和应用快速调色之用，如图 12-14 所示。

图 12-13

图 12-14

12.2 应用静帧调色

　　下面再选择下一个相似场景的镜头，应用前面保存的静帧快速调整该镜头，然后进行细微的对比和调整。

　　1 拖动当前指针到下一个镜头，先检查一下波形图和分量图，如图 12-15 所示。

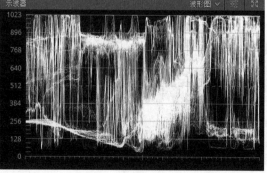

图 12-15

　　2 在画廊中右击前面保存的静帧，在弹出的快捷菜单中选择【应用调色】命令，在节点视图中自动添加了节点，如图 12-16 所示。

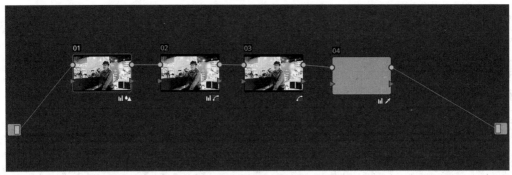

图 12-16

3 在监视器顶部单击【分屏】按钮，查看原始图像和调色版本对比效果，如图 12-17 所示。

4 单击【分屏】按钮只显示当前调色效果，在节点视图中关闭"节点 04"，选择"节点 03"，激活【色相 VS 饱和度】曲线面板，在背景的书架上取色，如图 12-18 所示。

图 12-17

图 12-18

5 重新调整"色相 VS 饱和度"曲线，如图 12-19 所示。

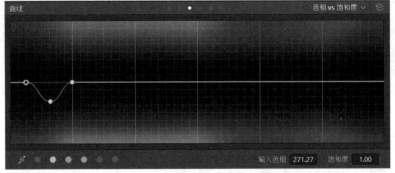

图 12-19

6 双击静帧，在监视器中查看对比效果，书架在相似的光照下颜色差别还是很大，如图 12-20 所示。

7 在"节点 03"后面添加一个串行节点，自动命名为"节点 05"，调整自定义曲线，稍增加绿色和减少红色，如图 12-21 所示。

8 单击【划像】按钮关闭对比显示，在节点视图中双击"节点 04"，激活【限定器】面板，重新在男生脸部取色，单击【突出显示】按钮，然后调整【色相】、【饱和度】和【亮度】选区和蒙版微调参数，如图 12-22 所示。

图 12-20

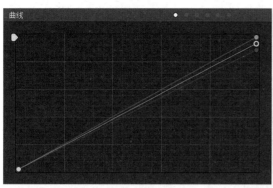 

图 12-21

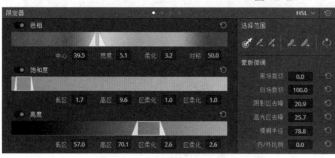 

图 12-22

[9] 单击【突出显示】按钮，激活【窗口】面板，添加一个椭圆形蒙版，调整窗口的位置、大小和柔化参数，如图 12-23 所示。

图 12-23

[10] 激活【跟踪器】面板进行跟踪，使椭圆蒙版跟随男生脸部运动，如图 12-24 所示。

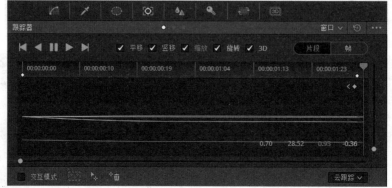

图 12-24

[11] 在【一级校色条】面板中提高 Gamma 的亮度，如图 12-25 所示。

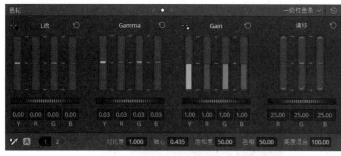

图 12-25

12 在监视器顶部单击【分屏】按钮，对比查看原始图像和调色版本的效果，如图 12-26 所示。

图 12-26

13 这个色调是笔者比较喜欢的，与前面的女生镜头衔接起来也比较顺畅。选择主菜单【调色】|【添加版本】命令，在节点视图中添加一个串行节点，激活【窗口】面板，添加一个椭圆形蒙版，调整窗口的位置、大小和柔化参数，并激活蒙版反转按钮，如图 12-27 所示。

图 12-27

14 激活【模糊】面板，调整模糊半径，这样人物之外的区域就变得有些模糊，弱化一下背景，如图 12-28 所示。

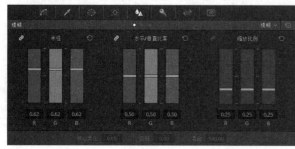

图 12-28

329

15 单击【分屏】按钮，按快捷键【Ctrl+F】，全屏对比显示原始图像和不同版本的效果，如图 12-29 所示。

图 12-29

12.3 女生近景调色

下面这个镜头是在窗户旁边拍摄的，跟刚刚调整的镜头在光线方面有很大的差距，而且这个镜头的重点是女生的面部，如图 12-30 所示。

1 如果也应用静帧快色调色，完全远离了我们的调色目标，色调过于偏冷，如图 12-31 所示。

2 在节点视图中新建一个校正器节点，进行连接，如图 12-32 所示。

3 选择"节点 05"，在【一级校色条】面板中进行调整，降低 Lift 的亮度，在 Gamma 和 Gain 组中改变色相，如图 12-33 所示。

图 12-30

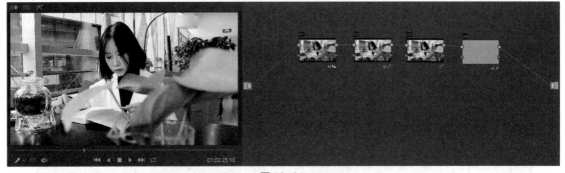

图 12-31

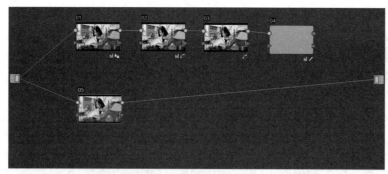

图 12-32

图 12-33

4 激活【模糊】面板,调整锐化半径,如图 12-34 所示。

图 12-34

5 添加一个串行节点,激活【色相 VS 饱和度】曲线面板,在人物的脸部取色,调整曲线,稍降低面部的饱和度,如图 12-35 所示。

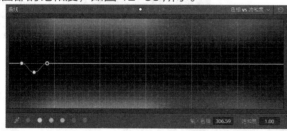

图 12-35

6 添加一个串行节点,激活【窗口】面板,添加渐变蒙版,如图 12-36 所示。

图 12-36

7 调整自定义曲线，降低蓝色通道，如图 12-37 所示。

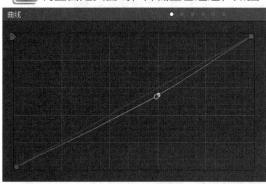

图 12-37

8 添加一个串行节点，激活【窗口】面板，围绕人物添加一个柔化比较大的椭圆形蒙版，并激活蒙版反转按钮，如图 12-38 所示。

图 12-38

9 调整自定义曲线，降低人物周边的亮度，如图 12-39 所示。

10 激活【模糊】面板，调整【半径】数值，如图 12-40 所示。

11 选择主菜单【调色】|【添加版本】命令，添加一个新的版本，如图 12-41 所示。

12 添加一个串行节点，自动命名为"节点09"，在【一级校色条】面板中调整 Gamma 和 Gain 的参数，增加中间调和高光的亮度及调整色相平衡，如图 12-42 所示。

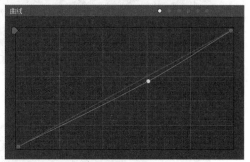

图 12-39

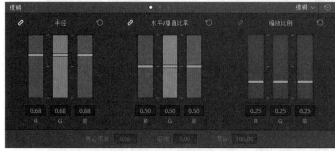

图 12-40

13 选择"节点 06"，在人物脸部取色，调整自定义曲线，稍减少脸部的绿色，如图 12-43 所示。

14 单击【分屏】按钮，按快捷键【Ctrl+F】，全屏显示原始图像和不同版本调色效果，如图 12-44 所示。

图 12-41

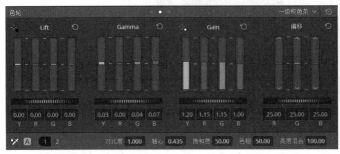

图 12-42

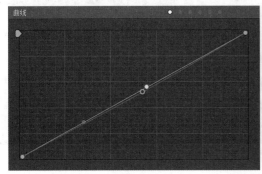

图 12-43

图 12-44

15 再次按快捷键【Ctrl+F】，单击【分屏】按钮，只显示版本 V2 的调色效果，右击，在弹出的快捷菜单选择【抓取静帧】命令，然后在画廊中调整静帧显示大小，对调整过的静帧进行比较，如图 12-45 所示。

图 12-45

16 这个镜头的红色过于鲜艳，添加一个串行节点，激活【色相 VS 饱和度】曲线面板，在红色区域取色，稍降低饱和度，如图 12-46 所示。

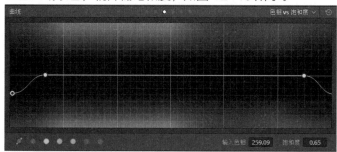

图 12-46

12.4 书店全景调色

前面基本完成了广告片中包含人物角色的中景和近景的调色，下面继续调整一个书店室内全景的镜头。

1 选择一个全景镜头，查看分量图，如图 12-47 所示。

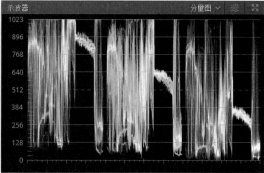

图 12-47

2　在画廊中右击静帧 1.3.1，在弹出的快捷菜单中选择【应用调色】命令，如图 12-48 所示。

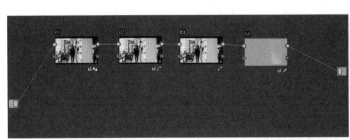

图 12-48

3　关闭"节点 02""节点 03"和"节点 04"，选择"节点 01"，在【一级校色条】面板中调整 Lift 和 Gamma 的亮度，尤其降低了中间调的红色，如图 12-49 所示。

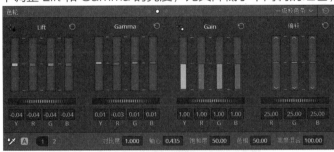

图 12-49

4　打开"节点 02"和"节点 03"，选择"节点 03"，激活【色相 VS 饱和度】曲线面板，在书架上重新取色，调整曲线稍降低饱和度，如图 12-50 所示。

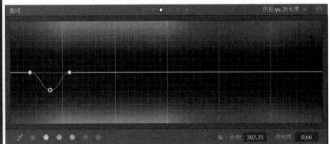

图 12-50

5　单击【分屏】按钮▦，并单击监视器右上角的下拉菜单按钮，选择【调色版本和原始图像】命令，对比显示原始图像和调色效果，如图 12-51 所示。

图 12-51

6 单击【分屏】按钮▣，只显示当前版本效果。在画廊中双击静帧 1.3.1，在监视器中与镜头 1 对比显示，打开"节点 04"，右击，在弹出的快捷菜单中选择【重置节点调色】命令，然后重新调整自定义曲线，降低高光部的红色，稍增加中间部的蓝色，如图 12-52 所示。

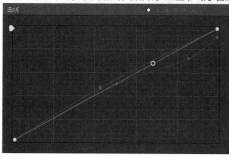

图 12-52

7 在画廊中单击静帧 1.4.1，与镜头 2 对比显示，如图 12-53 所示。

8 在监视器中拖动静帧边缘，比较不同的区域，如图 12-54 所示。

图 12-53　　　　　　　　　　　　　　　　图 12-54

9 男生的脸部过于暗，添加一个串行节点，进行局部的调整。单击【划像】按钮，恢复只显示当前版本，拖动当前指针到该片段的终点，激活【窗口】面板，添加一个椭圆形蒙版，调整窗口的位置、大小和柔化参数，如图 12-55 所示。

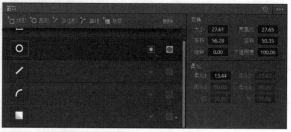

图 12-55

10 激活【跟踪器】和【关键帧】面板，展开【校正器 5】，为圆形窗口添加动态关键帧，如图 12-56 所示。

图 12-56

[11] 拖动当前指针到片段的中间部分，调整椭圆形蒙版的位置创建关键帧，如图 12-57 所示。

图 12-57

[12] 使用同样的方法为椭圆形蒙版创建关键帧，使其跟随人物运动，如图 12-58 所示。

图 12-58

[13] 激活【曲线】面板，调整自定义曲线，提升亮度，如图 12-59 所示。

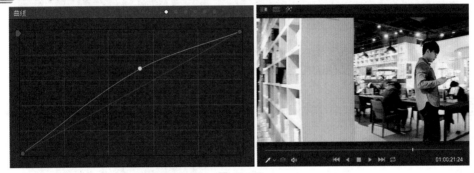

图 12-59

[14] 右击监视器，抓取静帧，在画廊中对比 4 个经过调色的片段效果，如图 12-60 所示。

图 12-60

12.5 音频转场和字幕

为了全面讲解 DaVinci Resolve 14 的剪辑、字幕、调色和音频的操作流程，本影片是完全在 DaVinci Resolve 14 中完成的。下面就展示一下 DaVinci Resolve 14 的音频和字幕功能。

1 切换到【剪辑】工作界面，在媒体池中双击音频文件"song for you.wav"，在监视器窗口中设置入点和出点，如图 12-61 所示。

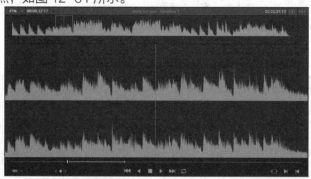

图 12-61

2 从监视器窗口拖动音频素材到【音频 1】轨道中，如图 12-62 所示。

图 12-62

3 在时间线上拖动当前指针到 2 秒，在【检查器】面板中，设置音量的关键帧，【音量】数值为 -3.49，如图 12-63 所示。

图 12-63

4 拖动当前指针到时间线的起点，在【检查器】面板中，调整【音量】数值为 -30，增加一个关键帧，创建音频的淡入效果，如图 12-64 所示。

图 12-64

5 分别在 35 秒 10 帧和音频素材的末端添加音量关键帧，创建音频淡出效果，如图 12-65 所示。

图 12-65

6 单击【运动曲线】按钮 ∿，展开曲线编辑器，查看音量的变化曲线，如图 12-66 所示。

图 12-66

7 单击【关闭运动曲线】按钮 ∿，添加多段旁白音频素材，尤其是第一个旁白音频要与男主角的口型对齐，如图 12-67 所示。

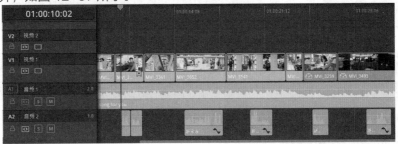

图 12-67

8 在最后两个镜头之间添加一个转场，使外面的夜景和室内的吊灯过渡更顺畅。单击【特效库】，展开工具箱中的【视频转场】特效组，然后拖动【交叉叠化】到最后两个镜头之间，如图 12-68 所示。

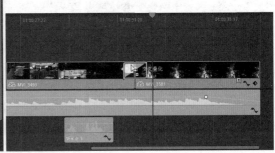

图 12-68

⑨ 在检查器面板中可以查看【交叉叠化】转场特效的参数设置，也可以根据需要进行调整，如图 12-69 所示。

⑩ 拖动【交叉叠化】到最后一个镜头的结尾，创建画面淡出效果，如图 12-70 所示。

⑪ 选择新添加的转场特效，在检查器面板中调整【时长】的数值，如图 12-71 所示。

⑫ 在工具箱中选择【字幕】特效组，拖动【下三分之一中】到【视频2】轨道中，如图 12-72 所示。

⑬ 打开检查器面板，输入文本并设置文本属性，如图 12-73 所示。

⑭ 在时间线上调整字幕的长度，也可以在监视器中查看字幕的效果，如图 12-74 所示。

⑮ 调整文本的位置和阴影参数，如图 12-75 所示。

图 12-69

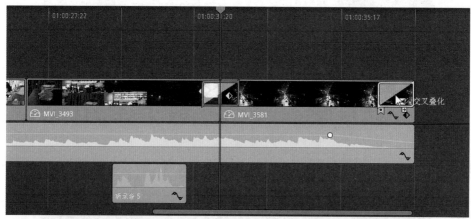

图 12-70

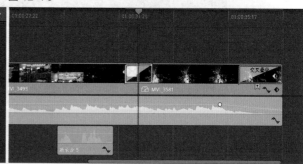

图 12-71

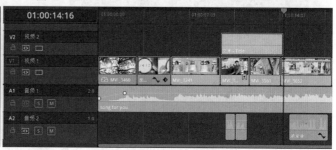

图 12-72

图 12-73

图 12-74

图 12-75

16 在字幕片段的首段和末端添加【交叉叠化】转场特效，创建字幕淡入淡出效果，如图 12-76 所示。

图 12-76

17 使用同样的方法创建其他多个字幕，配合旁白的音频，如图 12-77 所示。

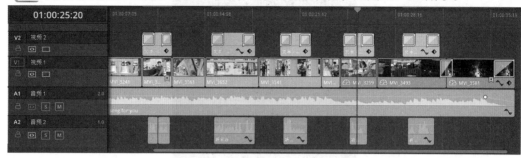

图 12-77

18 接下来创建片尾的滚动字幕。打开特效库工具箱中的【字幕】特效组，选择【滚动字幕】并拖动到【视频 1】轨道上，延长长度到 46 秒 10 帧，如图 12-78 所示。

图 12-78

19 选择滚动字幕，在检查器面板中输入字符和设置字符格式等参数，如图 12-79 所示。

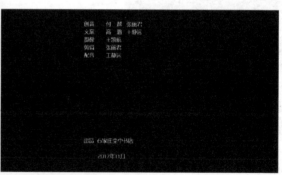

图 12-79

20 右击滚动字幕，在弹出的快捷菜单中选择【新建复合片段】命令，在弹出的【新建复合片段】对话框中重新命名，创建一个复合片段，如图 12-80 所示。

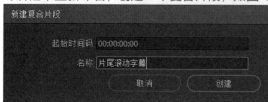

图 12-80

21 右击这个复合片段，在弹出的快捷菜单中选择【变速曲线】命令，在时间线中展开该片段的速度曲线，如图 12-81 所示。

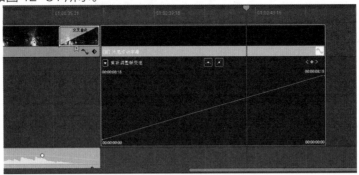

图 12-81

22 拖动当前指针到 43 秒 08 帧，滚动字幕中的第一段工作人员刚好离开屏幕顶部的时刻，单击【添加关键帧】按钮◆，添加一个关键帧，如图 12-82 所示。

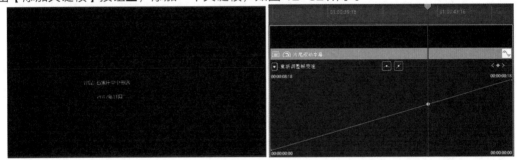

图 12-82

23 拖动该片段最后的关键帧向下，与第二个关键帧数值相同，如图 12-83 所示。

24 选择第二个关键帧，单击【Bezier 曲线】按钮，使滚动字幕的动画由滚动到停止在屏幕中光滑过渡，如图 12-84 所示。

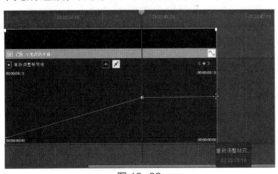

图 12-83

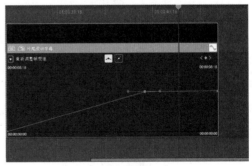

图 12-84

25 在时间线上还有多个镜头留给读者，继续用上面的方法将调色工作进行到底。

12.6　本章小结

本章主要以一个书店广告片为例讲解室内场景和人物调色的流程和方法。从选定参考镜头开始调色，再到应用静帧和单独的镜头微调，还有不同版本的对比和取舍，直到整个影片的镜头匹配和风格统一，最后讲解了添加音频并设置字幕和转场的技巧。